JN049914

中学入試にでる順 >>>

改訂版

［理科］
植物・動物・人体、地球・宇宙

監修 **相馬 英明** （スタディサプリ講師）

＊この本には「赤色チェックシート」がついています。

＊この本は、2019年に小社より刊行された
『中学入試にでる順 理科 植物・動物・人体、地球・宇宙』の改訂版です。

KADOKAWA

はじめに

　この本を手に取った君たち，理科の入り口へようこそ！　君たちはきっと中学受験を考えている未来の受験生たちですよね。この本は，君たちの中学受験に向けての「バイブル」ともいえる本になるでしょう。

　この本は，入試問題をもとにして，単元ごとに，入試によく出る内容から順番に並んでいるので，効率よく実力をつけられます。改訂にあたって「入試で差がつくポイント」の部分をいくつか新しい入試問題に差し替えました。これで，最新の入試問題に対しても，幅広く対応できるようになりました。

植物・動物・人体（生物）分野について

　《植物・動物・人体》の学習法で一番大切なことは1つ1つの知識をきちんとつなげていることです。近年の中学入試では，単に覚えているだけでは問題に太刀打ちできないような，知識どうしがきちんとつながっているかが，正解・不正解の分かれ目となる問題の方が多いです。

　だから，ただただ暗記するのではなく，それらがきちんとつながっていくように頭の中に整理する必要があります。例えば，単子葉類の植物はいくつぐらい出てくるでしょうか？　イネ，ムギ，トウモロコシ，ユリ，ツユクサ，チューリップの6つくらいの植物名が頭の中に浮かぶなら完璧です。

　では，有胚乳種子の植物はどうでしょう？　単子葉類の種子とカキやオシロイバナが思い出せればいいです。単子葉類の植物を暗記したら，それにカキやオシロイバナを加えると有胚乳種子の植物を覚えることができたことになります。このように暗記すると効率がいいでしょう。

　他には，不完全変態の昆虫は覚えていますか？　私が行う授業では「セミのバッター不完全，コロんだトンボをカマってゴキ」と暗記するように指導しています。こんな風に暗記すると不完全変態の昆虫，セミ，バッタ，コオロギ，トンボ，カマキリ，ゴキブリを覚えられます。せっかく暗記するなら，うまく暗記する方法を考えましょう。

　それから，不完全変態の動物はさなぎの時期がないから，体が幼虫と成虫でほとんど変わらないですね？　ということは，口の形が変わらないから食べ物も変わらないのです！　したがって，幼虫と成虫で同じものを同じように食べている昆虫は不完全変態だと覚えてもいいでしょう。ただし，テントウムシは完全変態の昆虫ですが，例外的に成虫も幼虫も同じアブラムシを食べています。このよう

に，共通点を見つけていくと，いろんなことをただ暗記したのではなく，きちんと整理してまとめたといえそうですね。

地球・宇宙（地学）分野について

《地球・宇宙》の分野の学習法で大切なことを説明します。

まず，「天体」ならそれぞれの天体の動きをきちんと理解して，頭の中で天体を動かせるかどうかです。当然，星座の位置や形や，1等星の名前をきちんと整理しておかなければなりません。例えば，夏の大三角では，並び方をきちんと整理して覚えておく必要があります。まず，二等辺三角形の頂点にあるのがわし座のアルタイル。あとは左回りにアルタイル，こと座のベガ，はくちょう座のデネブの順番に並んでいること。春の大三角や冬の大三角とは異なり，夏の大三角だけは北東から昇り，天頂付近を通り，北西に沈むこと，すべて白い色の1等星であることなどがきちんと整理できていることが大切です。

「気象」についてはそれぞれの気象が起こる原因，過程が理解できているかどうか，それによる影響もわかっているかどうかがポイントになります。例えば，梅雨を理解しているかどうかがキモです。オホーツク海気団と小笠原気団がぶつかり合って動かない現象が梅雨であることについて，よく出題されます。

「地層」では示準化石がきちんと整理できているかどうかが大事です。古生代はフズリナ，サンヨウチュウ。覚え方はそのまま「フズリナさん幼虫？」と覚えてしまいましょう。中生代はアンモナイト，恐竜。これもつなげて「アンモザウルス」と覚えてしまうと覚えやすいでしょう。工夫して頭の中に整理できると完璧です。他にも，整合・不整合，褶曲，断層などのでき方やできた順番がわかるかどうかも大切です。

学習方法について

まずは覚えていない知識を徹底的に整理し，暗記していきましょう。この本は効率のよい順番に並んでいるので，順番に学習することで穴埋めは簡単にできるようになります。シートを使ってかくして覚えながら，一度書いてみることも大切な学習方法です。時には声に出して読んでみたりすることも覚えるには大切です。さぁ，がんばっていきましょう。

監修　相馬英明

本書の特長と使い方

この本の特長

❶ 最新の入試分析にもとづく"でる順"でテーマを掲載
❷ 要点＋演習で，効率的に学べる
❸ 「入試で差がつくポイント」で，"思考力""応用力"を鍛えられる

この本の使い方

[要点＋演習で学ぶテーマのページ]

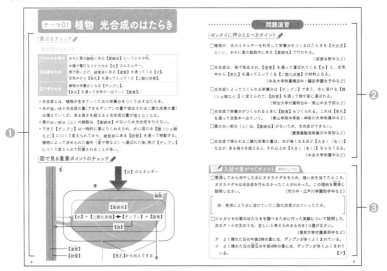

❶左側の「要点をチェック」「図で見る重要ポイントのチェック」では，重要な
ことを暗記しましょう。図と合わせて，知識をインプットします。

❷右側は「問題演習」です。そのうち，「ゼッタイに押さえるべきポイント」では，
入試で問われる切り口を学びます。入試での実践力を養いましょう。

＜できたらスゴイ！＞がある問題では，左側のページであつかっていないテーマも出題
しています。

❸「問題演習」のうち，下部にある「入試で差がつくポイント」では，「単純な暗記では解けない切り口」「難関校で出されたテーマ」などをあつかいます。左側のページであつかっていないテーマも出題しています。巻末に掲載した「解説」でも理解を深めましょう。「解説」の ①・② などの番号は，問題の上からの順に対応しています。

［解説のページ］

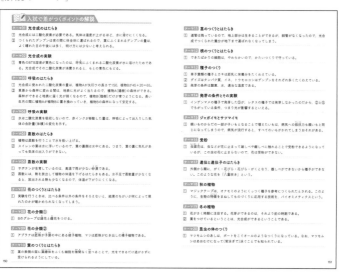

［出題校について］

この本では，問題であつかったポイントが，過去の入試で出題された学校を示しています。小社独自の入試分析をもとに記載しております。「問題演習」では，形式を統一するために一部改変を行っております。また，出題されたすべての学校を示しているわけではありません。複数の学校で出題されたポイントをあつかった問題では，一部の学校の名前を記載しております。

写真提供／アフロ，孝森まさひで，スタジオサラ
本文デザイン／ムシカゴグラフィクス　キャラクターイラスト／加藤アカツキ　編集協力／㈱群企画

目次

植物 光合成のはたらき

要点をチェック

〈光合成のはたらき〉

①行われる場所	おもに葉の細胞にある【葉緑体】という小さな粒。
②必要なもの	太陽や電灯などから出る【光】のエネルギー。 根で吸い上げ，維管束にある【道管】を通ってくる【水】。 空気中から【気孔】を通って入ってくる【二酸化炭素】。
③できるもの	植物の栄養分となる【デンプン】。 【気孔】を通って空気中へ出ていく【酸素】。

- 光合成とは，植物が生きていくための栄養分をつくり出すはたらき。
- 光が強いほど光合成の量（できるデンプンの量や吸収される二酸化炭素の量）は増えていくが，ある強さを超えると光合成の量が増えなくなる。
- 葉の白い部分（ふ）の細胞は，【葉緑体】がないため光合成を行えない。
- できた【デンプン】は一時的に葉にたくわえられ，水に溶ける【糖（ショ糖など）】につくり変えられてから，維管束にある【師管】を通って移動する。植物によって決められた場所（茎や根など）へ運ばれた後, 再び【デンプン】につくり変えられて貯蔵されることが多い。

図で見る重要ポイントのチェック

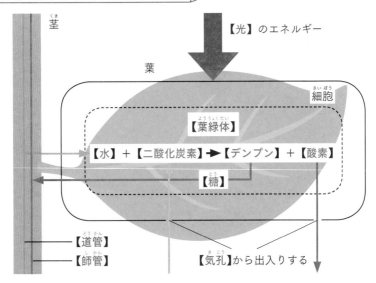

茎

【光】のエネルギー

葉

細胞

【葉緑体】

【水】＋【二酸化炭素】➡【デンプン】＋【酸素】

【糖】

【道管】

【師管】

【気孔】から出入りする

ゼッタイに押さえるべきポイント ✐

□植物が，光のエネルギーを利用して栄養分をつくるはたらきを【光合成】
といい，おもに葉の細胞内にある【葉緑体】で行われる。

（淑徳与野中など）

□光合成は，根で吸収され，【道管】を通って運ばれてくる【水】と，空気
中から【気孔】を通って入ってくる【二酸化炭素】が材料となる。

（中央大学附属横浜中・鷗友学園女子中など）

□光合成によってつくられる栄養分は【デンプン】であり，水に溶ける【糖
（ショ糖など）】に変えられて，【師管】を通って根や茎に運ばれる。

（明治大学付属明治中・南山中女子部など）

□光合成で栄養分がつくられるときに【酸素】もつくられる。これは【気孔】
を通って空気中へ出ていく。　　（青山学院中等部・神奈川大学附属中など）

□葉の白い部分（ふ）は，【葉緑体】がないため，光合成ができない。

（慶應義塾湘南藤沢中等部など）

□光合成で使われる二酸化炭素の量は，光が強くなるほど【大きく（多く）】
なるが，ある強さを超えると，それ以上は【大きく（多く）】ならなくなる。

（中央大学附属中など）

📖 入試で差がつくポイント　解説➡p150

□煮沸してから冷やした水にオオカナダモを入れ，強い光を当てたところ，
オオカナダモは光合成を行わなかったことがわかった。この理由を簡単に
説明しなさい。　　　　　　　　　　　　（市川中・江戸川学園取手中など）

> 例：煮沸により水に溶けていた二酸化炭素が出ていったため。

□ジャガイモの葉のはたらきを調べるために行った実験について説明した，
次のア・イの文のうち，正しいと考えられるものを1つ選びなさい。

（東邦大学付属東邦中など）

ア　よく晴れた日の午後3時の葉には，デンプンが多くふくまれている。
イ　よく晴れた日の翌日の午前4時の葉には，デンプンが多くふくまれて
いる。　　　　　　　　　　　　　　　　　　　　　　　　　　【ア】

要点をチェック

〈デンプンの検出〉

① 熱湯　葉を【やわらかく】する。

② 湯　葉をあたためた【エタノール】に入れて，脱色する。

③ 葉を水で洗う。

④ 葉を【ヨウ素液】にひたす。

- ②で葉の【緑色】を脱色するのは，④での色の変化をわかりやすくするため。
- 葉にデンプンがあると，④で葉が【青紫】色に変化する。

〈光合成に必要な要素〉

葉を一昼夜暗所に置く。

アルミニウム箔
白い部分（ふ）
葉の一部にアルミニウム箔をまく。

数時間，日光に当てる。
→上と同様の処理を行う。

あ
い
う
いの部分のみ青紫色に変化する。

- 一昼夜暗所に置くのは，葉にもとからある【デンプン】をなくすため。
- あといの結果から，光合成には【光】が必要なことがわかる。
- いとうの結果から，光合成には【葉緑体】が必要なことがわかる。

〈光の強さと光合成〉

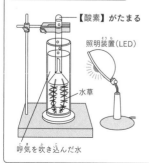

【酸素】がたまる
照明装置（LED）
水草
呼気を吹き込んだ水

- 呼気（はく息）を吹き込むのは，水中の【二酸化炭素】の量を増やすため。水に少量の重曹（炭酸水素ナトリウム）を溶かしてもよい。
- 照明装置の明るさを明るくしたり，照明装置を水草に近づけたりして，水草に当たる光を強くしていくと，ある強さまでは水草から発生する泡（酸素）の数が【増加】する。
- LEDのかわりに白熱電球を用いる場合は，電球から出る熱の影響を受けないようにする。

ゼッタイに押さえるべきポイント ✏️

図1のように, 一昼夜暗室に置いた, 白い部分（ふ）
のある葉の一部をアルミニウム箔でおおい, 日光
を十分に当てた。 （明治大学付属中野中など）

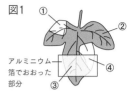

図1

アルミニウム
箔でおおった
部分

□図1の①〜④のうち, ヨウ素液に反応したのは
【②】の部分である。

□ヨウ素液に反応した部分には【デンプン】ができている。 （高槻中）

□光合成に光が必要なことは, 図1の①〜④のうち【②】と【③】を比べれ
ばわかる。

□光合成に葉緑体が必要なことは, 図1の①〜④のうち【①】と【②】を比
べればわかる。

□図1の実験で一昼夜暗室に置くのは, 葉に残っている【デンプン】をなく
すことで, 正しい結果を得るためである。 （山手学院中など）

図2のように, オオカナダモに光を当てた。

図2

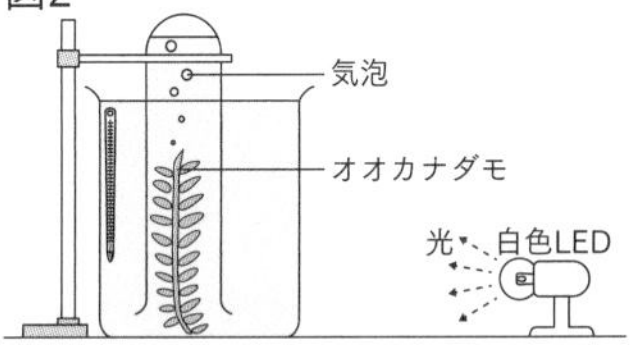

気泡

オオカナダモ

光　白色LED

□光合成がさかんになるように, 水に少
量溶かす薬品は【炭酸水素ナトリウム
（重曹）】である。

（中央大学附属中など）

□白色LEDを水槽に近づけると, 一定時間に出る気泡の数は【多く】なるが,
ある距離まで近づけると, それ以上近づけても気泡の数は【変わらなく】
なる。 （青山学院中等部など）

📖 入試で差がつくポイント 解説➡p150

□図2で, 光を当てる前の水にＢＴＢ溶液を数滴加えたところ青色であった
が, 呼気を吹き込むと黄色に変化した。次に光を当てるとオオカナダモか
ら気泡が出始め, 水の色は6時間後に青色になっていた。光を当てること
で水の色が変化した理由を簡単に説明しなさい。

（早稲田実業学校中等部など）

> 例：呼気にふくまれ, 水に溶けていた二酸化炭素が光合成で使われた
> ため, 呼気を吹き込む前の青色にもどった。

要点をチェック

〈呼吸のはたらき〉

①目的	生命活動のための【エネルギー】をつくり出す。
②利用する物質	光合成でつくり出した【デンプン】の一部。 【気孔】を通して空気中からとり入れた【酸素】。 日中は【光合成】によって生じた【酸素】も利用する。
③生じる物質	【二酸化炭素】ができ、 明るいときは【光合成】に使われる。 暗いときは【気孔】から出ていく。 【水】ができ、【気孔】から出ていく。

〈呼吸と光合成のちがい〉

- 光合成は【葉緑体】のある細胞だけで行われるが、呼吸は【すべての細胞】で行われる。
- 光合成は【光】が当たるときだけ行われるが、呼吸は【常に】行っている。
- 光合成量は光の強さで【変化する】が、呼吸量は光の強さに関係なく【一定】。

〈光の強さと呼吸・光合成〉

- 光合成量を二酸化炭素の吸収量、呼吸量を二酸化炭素の放出量とみると、これらが等しくなるときの光の強さ（光補償点）を基準にして、それより光が強いとき、全体としてみると【二酸化炭素】を吸収して【酸素】を放出する（図のイ）。光が弱いときは【酸素】を吸収して【二酸化炭素】を放出する（図のア）。
- 光合成量を養分の生産量、呼吸量を呼吸に必要な養分の量とみると、光合成量が呼吸量より【大き】くなるとき、植物は成長できる（図のイ）。

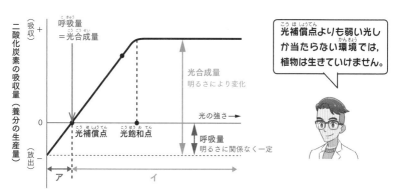

光補償点よりも弱い光しか当たらない環境では、植物は生きていけません。

ゼッタイに押さえるべきポイント 🖊

□夜間（光が当たらないとき）の植物は，光合成を行わないが【呼吸】を行っているので，体内にある【デンプン】の量が減少し，二酸化炭素を【放出】している。

図1は，植物に当たる光の強さと植物から出入りする二酸化炭素の量との関係を表したグラフである。

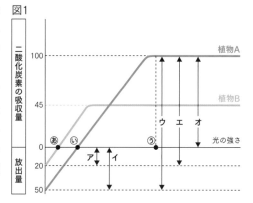

図1

□植物Aの光合成量を表す矢印は【ウ】で，呼吸量を表す矢印は【イ】である。

□植物Bに⦿の強さの光を当てると，光合成量【＝】呼吸量になる。

□光の強さが◐より弱いときに生きていけるのは植物【B】である。

□光の強さが⊙のとき，より大きく（速く）成長できるのは，植物【A】である。　　（明治大学付属明治中・東京農業大学第一高等学校中等部など）

📖 入試で差がつくポイント　解説➡p150

□図1で，光の強さが⊙のとき，植物Aが光合成に使った二酸化炭素の量は，植物Bが光合成に使った二酸化炭素の量の何倍か。小数第二位を四捨五入して小数第一位まで求めなさい。光合成を行うための条件は十分であったものとする。　　　　　　　　　　　　　　　　　　　　（栄東中など）

【2.3】倍

□図1の植物Aと植物Bが木だとすると，植物Aと植物Bが混ざった森林は，長い年月の間に植物Bだけの森林になって安定する。その理由を簡単に説明しなさい。　　　　　　　　　　　　　　　　　　　　　　　　（城北中など）

> 例：森林の地表部分に届く光は弱く，植物Bは成長できるが，
> 　　植物Aは成長できないため。

要点をチェック

〈呼吸の実験①〉

- 発芽し始めた種子を袋に入れて密閉する。しばらく置いた後，袋の中の気体を石灰水に通すと【白】くにごる。→【二酸化炭素】が発生（図1）。

〈呼吸の実験②〉

- 呼吸によって【酸素】が吸収され【二酸化炭素】が放出される。図2では，【二酸化炭素】は水酸化ナトリウム水溶液に【吸収】される。
  →容器内の気体全体の体積が【減】るから，赤インクが【左】に移動する。
- 発芽し始めた種子を使うのは，この種子が【光合成】をしないためである。

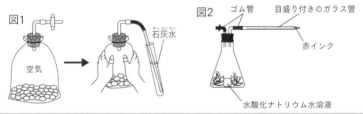

図1　石灰水　空気

図2　ゴム管　目盛り付きのガラス管　赤インク　水酸化ナトリウム水溶液

〈呼吸と光合成〉

BTB溶液を加え，息を吹き込んで緑色に調節した水を入れた試験管①〜④を用意する。

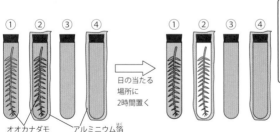

① ② ③ ④ → ① ② ③ ④

日の当たる場所に2時間置く

オオカナダモ　アルミニウム箔

BTB溶液は酸性で黄色，中性で緑色，アルカリ性で青色になるよ。

	オオカナダモ		水中の気体		BTB溶液
	光合成	呼吸	酸素	二酸化炭素	
①	【行った】	【行った】	【増えた】	【減った】	青色
②	【行わない】	【行った】	【減った】	【増えた】	黄色

- ③，④は，BTB溶液だけでは変化しないことを確認する【対照】実験。

ゼッタイに押さえるべきポイント

図1のように，発芽しかけた種子を三角フラスコに入れて栓をした。ガラス管の赤インクは，三角フラスコ内の気体の体積によって位置が移動する。

図1

□種子の【呼吸】により三角フラスコ内の【酸素】が吸収され，【二酸化炭素】が放出される。

□二酸化炭素は水酸化ナトリウム水溶液に吸収されるので，三角フラスコ内の気体の体積が【減り】赤インクは【左】へ移動する。（逗子開成中など）

図2のように，BTB溶液を加えてから息を吹き込んで緑色にした水を入れた試験管A〜Fがある。

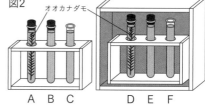

図2

□試験管Aのオオカナダモから出る気泡は【酸素】である。
（城北中など）

□試験管Aのオオカナダモから気体が出なくなったとき，試験管Aの水は【青】色である。また，同じとき，試験管Dの水は【黄】色である。

□オオカナダモが光の当たらない場所でも呼吸をしていることは，試験管【D】と【E】の結果を比べることで，BTB溶液の色が光によって変化しないことは，試験管【B】と【E】の結果を比べることで，それぞれわかる。

□ゴム栓をしていない試験管CとFの水は青色になった。これは水に溶けていた【二酸化炭素】がぬけたためである。（横浜共立学園中など）

入試で差がつくポイント 解説→p150

□図1で，水酸化ナトリウム水溶液のかわりに水を入れて実験を行ったところ，赤インクはわずかに左に動いた。これは，何の量と何の量の差によるものか，簡単に説明しなさい。
（逗子開成中など）

例：種子が吸収した酸素の量と，種子が放出した二酸化炭素の量の差。

要点をチェック

〈蒸散のはたらき〉

- 植物が，体内の水分を【水蒸気】として放出する現象を【蒸散】という。

①目的	光合成に使う【水】を根からとり入れる。 水に溶けた【窒素】化合物などの肥料分を根からとり入れる。 【熱】を逃がすことで，日射による体温上昇を防ぐ。
②行われる 場所	２個の【孔辺細胞】の間にある【気孔】という隙間。 一般に，【気孔】は葉の【裏】側に多い。
③さかんに 行われるとき	気温が【高】いとき　湿度が【低】いとき 風が【強】いとき　当たる光が【強】いとき

- 蒸散する水は，根や茎の維管束にある【道管】を通って葉まで運ばれてくる。
- 植物は，体内の水分が多いときは気孔を【開く】ことでさかんに蒸散を行い，少ないときは気孔を【閉じる】ことで水分が出ていかないようにする。

〈水蒸気が出ていることの確認〉

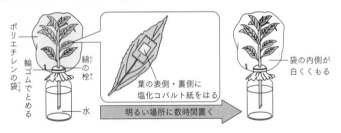

ポリエチレンの袋
綿の栓
輪ゴムでとめる
水
葉の表側・裏側に塩化コバルト紙をはる
明るい場所に数時間置く
袋の内側が白くくもる

- 袋の内側がくもるのは，蒸散で葉から放出された【水蒸気】によって，細かい水滴がつくためである。水を着色した場合も，水滴は【無】色である。
- 蒸散で葉から水蒸気（水）が出ることは，【青】色の塩化コバルト紙がうすい【赤（桃）】色に変化することでも確認できる。
- 塩化コバルト紙を葉の両側にはった場合，【裏】側にはったものが先に変化する。→【気孔】が葉の【裏】側に多いことがわかる。

水を吸うためにも，蒸散が必要なんだね。

ゼッタイに押さえるべきポイント

□図1の隙間を【気孔】といい，隙間をつくる2個の細胞を【孔辺細胞】という。　　（桐光学園中など）

図1　隙間

□図1の隙間は，多くの植物で葉の【裏】面に多く分布しており，ここから植物体内の水が【水蒸気】となって出ていく。これを【蒸散】という。

（桐光学園中・高槻中など）

□蒸散は，気温が【高】いときや，光の強さが【強】いとき，湿度が【低】いときに，さかんになる。　　（鎌倉女学院中・中央大学附属横浜中など）

□図2のように，ヒマワリの茎を食紅(しょくべに)で赤く着色した水にさし，葉をビニール袋でおおって1日置いたところ，ビニール袋の内側に【無】色の水滴がついていた。

（青山学院中等部・日本女子大学附属中など）

図2　ヒマワリ　ビニール袋

赤く着色した水

□植物が水蒸気を放出するのは，根から吸収(きゅうしゅう)した【養分（肥料分）】を全身に運ぶためや，体内の【水分量】を調節するためである。（青山学院中等部など）

入試で差がつくポイント　解説→p150

□次の文の空欄Aに当てはまることばを簡単(かんたん)に書きなさい。

植物に長い期間水を与えないと，しおれてしまう。これは，（　A　）ために，植物の体の中の水分量が減ってしまうからである。

（筑波大学附属中など）

> 例：根から吸水する量を増やそうとして，蒸散をさかんに行う

□多くの植物の気孔は，葉の裏側の面に多く分布している。池や沼(ぬま)の水面に葉を広げるスイレンにおいて，気孔の分布はどのようになっていると考えられるか，簡単に説明しなさい。　　（海陽中・東海中など）

> 例：おもに葉の表側の面に分布している。

要点をチェック

〈葉の表側と裏側，茎からの蒸散量を調べる実験〉

・葉の数と面積がほぼ同じ植物を4本用意して，次のA〜Dのようにする。

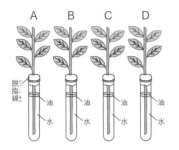

A：何もしない
B：葉の表側にワセリンをぬる
C：葉の裏側にワセリンをぬる
D：葉の両側にワセリンをぬる

・葉にワセリンをぬるのは，【気孔】をふさいで蒸散させないため。
・「葉をすべて切り取って，切り口にワセリンをぬる」のは【D】と同じ。
・油を入れるのは，水が水面から【蒸発】しないようにするため。
・油を入れない場合は，水面から【蒸発】した量を調べるために，植物のかわりにガラス棒をさしたものなどを5つ目の条件として用意する。
・準備ができたら，風通しの良いところにしばらく置く。

〈実験結果からわかること〉

条件	A	B	C	D
水の減少量（cm³）	22	19	4	1
蒸散が起こった部位	表・裏・茎	裏・茎	表・茎	茎

・BとCを比べると，蒸散量は葉の【裏】側で多いことから，この植物の【気孔】が葉の【裏】側に多いことがわかる。
・葉の表側からの蒸散量＝A－B＝【C】－【D】＝【3】
・葉の裏側からの蒸散量＝A－C＝【B】－【D】＝【18】
・植物全体からの蒸散量＝A＝【B】＋【C】－【D】

Dが0じゃないから，蒸散は茎でも起こっていることがわかるね。

ゼッタイに押さえるべきポイント ✐

試験管A〜Eを用意し，A〜Dには茎の太さや葉の数・面積が同じ植物の枝を，Eには茎の太さと同じ直径のガラス棒を入れた。B〜Dの枝にはそれぞれ図のような処理を行い，一定時間置いて，水の減少量を調べた。水の減少量は，Bが16g，Cが10g，Dが6g，Eが4gであった。

A　B　C　D　E　ガラス棒

B 葉の表側にワセリンをぬった枝
C 葉の裏側にワセリンをぬった枝
D 葉の両側にワセリンをぬった枝
A,E 水

□葉にワセリンをぬるのは，【気孔】をふさぎ，【蒸散】できないようにするためである。　　　　　　　　　　　　　　　　　（横浜共立学園中など）

□葉の両側からの水の減少量をあわせると【14】gで，葉の裏からの水の減少量は，表からの水の減少量の【2.5】倍である。（城北中・立命館中など）

□茎からの水の減少量は【2】g，Aの水の減少量は【20】gである。（城北中など）

□この実験を，より気温の低い場所で行った場合，水の減少量は【減】る。
　　　　　　　　　　　　　　　　　　　　　　　　　　　　（本郷中など）

📖 入試で差がつくポイント　解説→p150

□サボテンは，夜になると気孔を開き，昼は閉じるという特徴がある。昼に気孔を閉じる理由を，サボテンが生育する地域の気温や降水量の特徴をあげて，簡単に説明しなさい。　　　　　　　　　（浅野中・女子学院中など）

> 例：気温が高く，降水量が少ない地域に生えているので，水分の減少をできるだけおさえる必要があるため。

□葉が水不足のとき，さかんに蒸散を行っている状態よりも温度が高い。その理由を，「蒸散量」という言葉を用いて簡単に説明しなさい。（本郷中など）

> 例：蒸散量が少なく，蒸散によって放出される熱の量が減少しているから。

図で見る重要ポイントのチェック ✐

〈花のつくりとはたらき（被子植物）〉

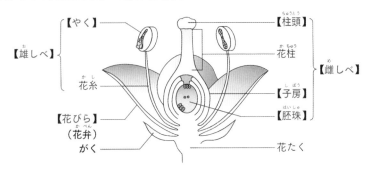

- 胚珠が子房の中にある植物を【被子】植物という。
- やくの中で【花粉】がつくられる。花粉が柱頭につくことを【受粉】という。
- 花がさくのは、受粉することで【種子】をつくり、子孫を残すためである。
- ふつう、受粉には別の花でできた花粉が必要になる。花粉が虫に運ばれる花を【虫】媒花、風に運ばれる花を【風】媒花という。
- 【花びら】や花のみつは、昆虫などを引き寄せるはたらきがある。

〈花のつくりによる分類〉

花びらが、つながっているか離れているか	合弁花	花びら（花弁）が1つに【つながって】いる花。
		ツツジ・アサガオ・タンポポなど
	離弁花	花びら（花弁）が1枚ずつ【離れて】いる花。
		アブラナ・サクラなど
雌しべ・雄しべ・花びら・がく（花の4要素）がそろっているか	完全花	花の4要素が、そろって【いる】花。
		アブラナ・アサガオ・サクラ・タンポポなど
	不完全花	花の4要素が、そろって【いない】花。
		ヘチマ・カボチャ・トウモロコシ・イネなど
雌しべ・雄しべが同じ花（同じ株）にあるか	両性花	雌しべ・雄しべの両方をもつ花。
		アブラナ・アサガオ・イネ・ツツジなど
	単性花	雌しべ・雄しべのどちらか一方しかもたない花。
	単性花 同じ株	ヘチマ・カボチャ、マツ、スギなど
	単性花 違う株	クワ、ヤナギ、イチョウなど

ゼッタイに押さえるべきポイント ✏

□アブラナの花とツツジの花はどちらも，外側から順に，【がく】，【花びら】，【雄しべ】，【雌しべ】のつくりが並んでいる。このような花を【完全】花という。 　　　　　　　　　　　　　　　　　　（品川女子学院中等部・鎌倉女学院中など）

□図1のAは花粉がつくられる部分で，【雄しべ】の先端にある【やく】である。
　　　　　　　　　　　　（お茶の水女子大学附属中など）

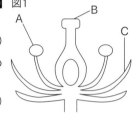

図1

□図1のBは花粉が受粉する部分で，【雌しべ】の先端にある【柱頭】である。
　　　　　　　　　　　　　　　（神奈川大学附属中など）

□アサガオとヘチマのうち，図1のAだけをもつ花と，Bだけをもつ花が同じ株にさくのは【ヘチマ】で，このような花を【単性花】という。
　　　　　　　　　　　　　　　　　　　　　　　　　　　　　　　（海陽中など）

□アサガオとヘチマのうち，図1のCが1つにつながっているのは【アサガオ】で，このような花を【合弁花】という。　　　（開智中・白百合学園中など）

図2は，被子植物のアブラナの花を分解したものである。

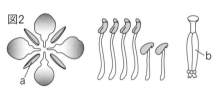

図2

□図2のaを【がく】という。

□図2のbを【子房】といい，中には種子になる【胚珠】が入っている。

□植物の花びらには，花粉を運ぶ【昆虫】などを引き寄せる役割がある。
　　　　　　　　　　　　　　　　　　　　　　　　　　　　　　　（本郷中など）

📖 入試で差がつくポイント 　解説→p150

□アゲハのなかまは，赤い色を好むといわれている。これを確かめるために，赤い造花と正方形の黄色い紙を用意して，アゲハがどちらに集まるか調べたところ，アゲハは赤い造花に多く集まった。この実験の不適切な点を，簡単に説明しなさい。 　　　　　　　　　　　　　　　　　　　　（武蔵中など）

　　　例：色だけでなく形もちがうので，アゲハが集まった理由が，色によ
　　　　　るのか形によるのかを区別することができない。

要点をチェック

〈アブラナ科の花…完全花, 両性花〉

花びら, がく	【4】枚, 【離】弁花。
雄しべ	長い【4】本と短い【2】本, 合わせて【6】本。
花粉の運び方	【虫】媒花。
例	アブラナ, キャベツ, ダイコン, ナズナなど

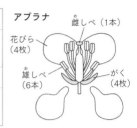

アブラナ
雌しべ（1本）
花びら（4枚）
雄しべ（6本）
がく（4枚）

〈マメ科の花…完全花, 両性花〉

花びら, がく	【5】枚, 【離】弁花。
雄しべ	【9】本＋【1】本, 合わせて【10】本。
花粉の運び方	【虫】媒花。
例	エンドウ, シロツメクサ, ダイズ, レンゲソウなど

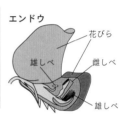

エンドウ
花びら
雌しべ
雄しべ

〈バラ科の花…完全花, 両性花〉

花びら, がく	【5】枚, 【離】弁花。
雄しべ	数が多く, 決まっていない。
花粉の運び方	【虫】媒花。
例	バラ, サクラ, モモ, リンゴ, イチゴなど

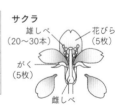

サクラ
雄しべ（20〜30本）
花びら（5枚）
がく（5枚）
雌しべ

〈ヒルガオ科の花…完全花, 両性花〉

花びら, がく	【5】枚, 【合】弁花。
雄しべ	【5】本
花粉の運び方	【虫】媒花。 ただし, アサガオは自家受粉ができる。
例	ヒルガオ, アサガオ, サツマイモなど

アサガオ
雄しべ（5本）
雌しべ
がく

リンゴの食べる部分は花たくが成長した部分なんだって。

エンドウの花びらは形が3種類あるんだね。

ゼッタイに押さえるべきポイント ✏️

□次のア～エのうち，アブラナ科の植物は【ウ】である。（芝中・巣鴨中など）

　ア　ヒマワリ　　イ　リンゴ　　ウ　ナズナ　　エ　スイカ

□次のア～エのうち，アサガオと同じ科の植物は【エ】である。（栄東中など）

　ア　ジャガイモ　　イ　ヘチマ　　ウ　キュウリ　　エ　サツマイモ

□次のア～エのうち，シロツメクサとちがう科の植物は【エ】である。（巣鴨中など）

　ア　ラッカセイ　　イ　エンドウ　　ウ　ソラマメ　　エ　ジャガイモ

□次のア～エのうち，両性花は【ア】と【エ】である。　　（吉祥女子中など）

　ア　イチゴ　　イ　キュウリ　　ウ　カボチャ　　エ　トマト

□アブラナの花びら（花弁）は【4】枚で，雄しべは長いもの【4】本，短いもの【2】本の合計6本ある。

□右の図はエンドウの花のつくりを示している。①は【花びら】で，②は【雌しべ】である。

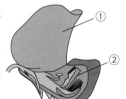

（西大和学園中など）

花の特徴①～③と，植物6種類がある。（淑徳与野中など）

　①花びら，雄しべ，雌しべ，がくがすべてある。

　②雄しべと雌しべが1つの花の中にある。

　③花びらがくっついている。

　植物：アブラナ，エンドウ，ススキ，キク，サクラ，ヘチマ

□②にだけ当てはまる植物は【ススキ】である。

□アサガオと①～③の特徴がすべて同じ植物は【キク】である。

📖 入試で差がつくポイント　解説→p150

□植物を，花のつくりのちがいでA，Bのように分類した。どのようなちがいかを，簡単に説明しなさい。　　（明治大学付属明治中など）

　A　アブラナ・アサガオ・イネ・ダイコン

　B　カボチャ・トウモロコシ・ヘチマ

例：Aは両性花で，Bは単性花である。

要点をチェック✏️

〈ウリ科の花…不完全花，単性花〉

花びら，がく	【5】枚，【合】弁花。雄花・雌花が同じ株にさく。
雄しべ	カボチャは【1】本，ヘチマは【5】本
花粉の運び方	【虫】媒花。
例	ヘチマ，カボチャ，メロン，スイカ　など

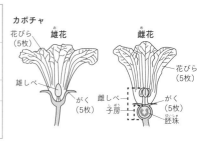

カボチャ

雄花　花びら（5枚）　雄しべ　がく（5枚）

雌花　花びら（5枚）　雌しべ・子房　がく（5枚）　胚珠

〈キク科の花…完全花，両性花〉

花びら，がく	【5】枚，【合】弁花。小さな花が集まっている。
雄しべ	【5】本
花粉の運び方	【虫】媒花。自家受粉することもある。
例	キク，タンポポ，ヒマワリ，コスモス　など

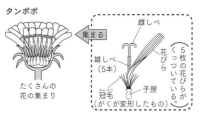

タンポポ

集まる

たくさんの花の集まり

雌しべ　雄しべ（5本）　花びら　子房　冠毛（がくが変形したもの）

5枚の花びらがくっついている。

〈イネ科の花…不完全花，主に両性花〉

花びら，がく	ない。えいというつくりが4枚ある。
雄しべ	【6】本
花粉の運び方	【風】媒花。イネは自家受粉する。
例	イネ，ムギ，ススキ　などトウモロコシは雄花・雌花がさく。

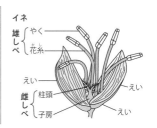

イネ

雄しべ〔やく　花糸〕

えい　えい　えい

雌しべ〔柱頭　子房〕

〈裸子植物〉

- 胚珠が子房に包まれていない植物を【裸子】植物といい，マツ，スギ，イチョウ，ソテツなどがある。
- 子房がないので，花粉が胚珠に直接つくことで受粉する。

ゼッタイに押さえるべきポイント

図1で，Aはアブラナの花，BとCはヘチマの花の断面を表したものである。

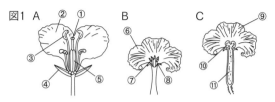

図1 A B C

□アブラナの花の③のつくりに相当するのは，ヘチマの花の【⑦】である。

（専修大学松戸中）

□ヘチマの花で，受粉後に成長して実になるのは【⑪】である。

□次のア～エのうち，ヘチマと同じように，1つの株に2種類の花がさく植物
は【イ】である。 　　　　　　　　　　　　　　　　　　　（立命館中など）

ア　サクラ　　イ　ツルレイシ　　ウ　チューリップ　　エ　エンドウ

図2はアブラナの花の断面，図3はタンポポの花を模式的に表したものである。

□アブラナのように，花びらが1枚ずつ離れる花のつくりを【離弁花】という。

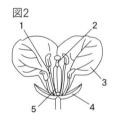

図2

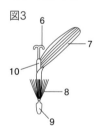

図3

□アブラナの花の1～5に対応するタンポポの花のつくりを，それぞれ6～10
の数字で答えなさい。 　　　　　　　　　　　　　　　　　（攻玉社中など）

1【10】，2【6】，3【7】，4【8】，5【9】

□図4はカボチャの【雌】花を表している。雌しべ
全体を表すのはa～cのうち【c】である。

（開成中など）

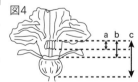

図4

入試で差がつくポイント　解説➡p150

□アブラナの花とマツの花を比べたとき，胚珠のつき方のちがいを，簡単に
説明しなさい。

例：アブラナでは胚珠が子房の中にあるが，マツでは子房がなく胚珠
　　がむき出しになっている。

テーマ10 植物 葉のつくりとはたらき

図で見る重要ポイントのチェック ✏️

〈葉のつくり（被子植物）〉

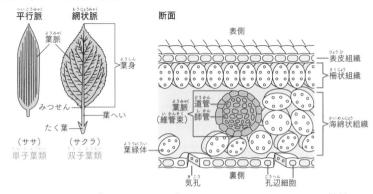

- 葉の中には，根で吸った水や水に溶けた養分（肥料分）が通る【道管】と，葉でつくられた栄養分が通る【師管】が集まった【葉脈】が多数ある。葉の【表】側に道管が，葉の【裏】側に師管が通っている。
- 被子植物のうち単子葉類の葉脈は，【平行】脈になっている。
  [単子葉類：イネ科，ユリ科，ツユクサ科，アヤメ科など]
- 被子植物のうち双子葉類の葉脈は，【網状】脈になっている。
  [双子葉類：アブラナ科，マメ科，ウリ科，キク科，バラ科など]
- 葉の表面は，表側，裏側ともに，単層の細胞からできた【表皮】組織におおわれている。この組織をつくっている細胞には，【葉緑体】がない。

〈葉のはたらき〉

- 日が当たる【表】側は，表皮組織の下に葉緑体をふくむ細胞が隙間なく並んだ【柵状】組織がある。これにより【光合成】を効率よく行っている。
- あまり日の当たらない【裏】側には，葉緑体をふくむ細胞がある程度の隙間をもって並んだ【海綿状】組織がある。
- 表皮組織には【気孔】という隙間があり，【呼吸】や【蒸散】にかかわっている。気孔はふつう，葉の【裏】側に多い。
- 植物の葉は，どの葉にも光が当たるように，たがいに重ならないようについている。（右図は，葉が144°ずつ離れている場合）

・・・・・・・・・・・・・・・・・ 問題演習 ・・・・・・・・・・・・・・・・・

ゼッタイに押さえるべきポイント ✏

図1は，葉の断面を模式的（も しきてき）に表したものである。

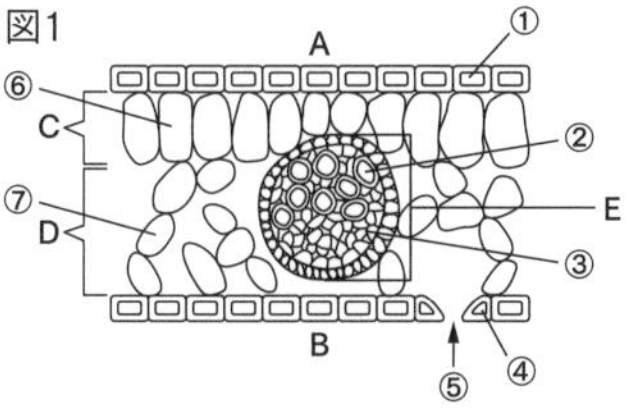

□葉の表側は，A，Bのうち【A】である。
　　　　　　　　　　　　　　（昭和学院秀英中など）

図1

□Cを【柵状】組織，Dを【海綿状】組織という。　　　　　　　　（吉祥女子中など）

□Eを【維管束】といい，葉では【葉脈】という。

□根で吸った水の通り道は，②，③のうち【②】で，名称（めいしょう）を【道管】という。
　　　　　　　　　　　　　　　　　　　　（明治大学付属中野中など）

□葉緑体をもつ細胞は，①，④，⑥，⑦のうち，【④，⑥，⑦】である。
　　　　　　　　　　　　　　　　　　　　　　　　（吉祥女子中など）

□④は⑤をつくる【孔辺】細胞で，⑤の隙間（すきま）を【気孔】という。
　　　　　　　　　　　　　　　　　　　　（昭和学院秀英中など）

図2は，4種類の植物の葉を模式的に表したものである。

図2　ア　　イ　　ウ　　エ

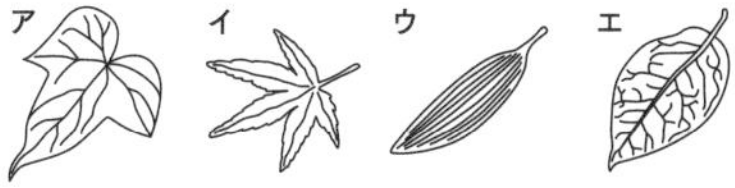

□ジャガイモの葉は【エ】であり，葉のつくりからジャガイモは【双】子葉類と判断できる。　　　　　　　　　　　　　　　　　（桜蔭中）

□図2で，イネ科植物の葉と同じような葉脈をもっているものは【ウ】である。
　　　　　　　　　　　　　　　　　　　　　　　　　　（芝中）

□ある植物は，茎（くき）を中心とした，葉と次の葉の角度がつねに135度になっている。1枚目の葉が図3の1の向きについているとき，5枚目の葉は図の【ア】につく。
　　　　　　　（渋谷教育学園渋谷中・東邦大学付属東邦中など）

図3

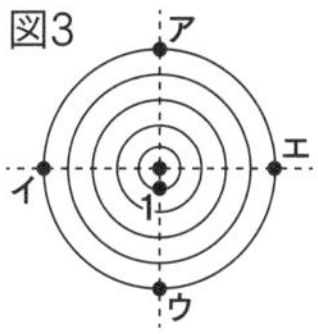

📖 入試で差がつくポイント　解説→p150

□図1で，⑥の細胞は，隙間（すきま）なく並んでいる。このことは，植物が生きていく上で，どのように都合がよいか。簡単（かんたん）に説明しなさい。

例：葉に当たった光を，効率よく光合成に利用できる。

図で見る重要ポイントのチェック

〈茎のつくり（被子植物）〉

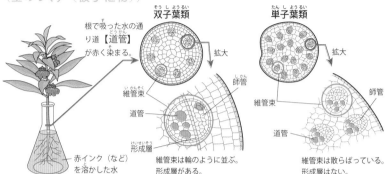

根で吸った水の通り道【道管】が赤く染まる。

赤インク（など）を溶かした水

双子葉類

拡大

師管

維管束

道管

形成層

維管束は輪のように並ぶ。形成層がある。

単子葉類

拡大

師管

維管束

道管

維管束は散らばっている。形成層はない。

- 双子葉類では，維管束が【輪】のように並んでいる。また，道管と師管の間には，細胞分裂をさかんに行っている【形成層】があり，大きな細胞ができる【夏】は色がうすく，小さな細胞ができる【冬】は色が濃く見える。
- 何年も生きる樹木の場合，形成層の色のちがいが年輪となっていく。
- 単子葉類では，維管束が【散らばる】ように分布し，形成層はない。

〈茎のはたらき〉

- 植物のからだ（葉や花）を支える。
- 水分や栄養分などの通り道になる。

維管束 {
【道】管…根で吸った【水】や水に溶けた養分（肥料分）が通る。
維管束の【内】側にある。
【師】管…光合成でつくった【栄養分】が通る。
維管束の【外】側にある。

- 栄養分は全身に運ばれ，生きていくためや成長するために使われる。
- 栄養分を，茎にたくわえる植物もある。栄養分は糖からデンプンに変わっている。（例：ジャガイモ・サトイモ・ハスなど）
- 茎を食用とする植物には，アスパラガス，タケノコなどがある。

デンプンは，栄養分をためるには便利だけど，運ぶには向かないのか。

ゼッタイに押さえるべきポイント

□ヒマワリとトウモロコシの葉のついた茎を、食紅で着色した水にさし、1日置いた。茎を横に切ったとき染まった部分は、ヒマワリが【エ】，トウモロコシでは【イ】である。　（開智日本橋学園中・山脇学園中など）

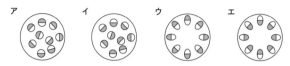

□前問と同じように、着色した水にさして1日置いたヒマワリの茎を縦に切ったときのようすは，【ウ】のようになる。　（青稜中など）

□ハスの【茎】はレンコンとよばれており，食べられる。　（頴明館中など）

□次のア～エのうち，茎を食用としているものは【イ】である。（巣鴨中など）

　ア　ネギ　　イ　アスパラガス　　ウ　ゴボウ　　エ　キャベツ

右の図は，植物の茎の断面である。

□Aは【師】管，Bは【道】管という。

□茎が太くなるために細胞が増えているところは，ア～エのうち【ウ】で，【形成層】という。

　　　　　　　（須磨学園中など）

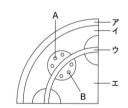

入試で差がつくポイント　解説→p151

□図のように，畑にあるジャガイモの茎の外側をはぎ取った。このまま育てたところ，イモができなかった。その理由を簡単に説明しなさい。　（海陽中など）

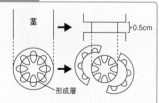

例：師管がはぎ取られてしまったので，葉でつくったデンプンをイモができる地下の部分に移動させることができなかったから。

テーマ12 植物 根のつくりとはたらき

図で見る重要ポイントのチェック ✏️

〈根のつくり（被子植物）〉

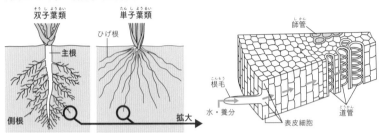

・双子葉類では，茎につながる太い【主】根が地下深くへのび，【主】根から
　四方八方へのびる【側】根が多数ある。
・単子葉類では，横方向へ広がるようにのびる【ひげ】根になっている。
・根の先端には，【根毛】が無数にあり，土の粒の間に入りこんでいる。
・根の先端を【根冠】といい，少し上には細胞分裂がさかんな【成長点】がある。

〈根のはたらき〉

・植物のからだ（葉や茎，花）を支える。
　根毛が土の粒の間に入りこむことで，ぬけにくくなっている。
・【水】や水に溶けた養分（【肥料】分）を吸収する。
　根毛があることで土にふれる【表面積】が大きくなり，効率よく吸収できる。
・光合成でつくった栄養分を，根にたくわえる植物もある。
　例：サツマイモ・ダイコン・ダリア　など

サツマイモ

主根
（食べる部分）

側根

ダイコン

ダリア

< 双子葉類と単子葉類のまとめ >

	子葉の数	葉脈	茎の維管束	根
双子葉類	2枚	網状脈	輪のように並ぶ	主根と側根
単子葉類	1枚	平行脈	散らばる	ひげ根

ゼッタイに押さえるべきポイント

□植物の根には，からだを支えるほか，【水】分や【肥料】分を吸収する役割がある。 (暁星中など)

□ホウセンカの芽生えは図1の【②】，根のつくりは【③】である。

図1

① ② ③ ④

□次のア～エのうち，ホウセンカとは根のつくりが異なる植物は，【エ】である。

ア　インゲンマメ　　イ　ヒマワリ　　ウ　アサガオ　　エ　イネ

図2は，根の断面を模式的に表したものである。

図2

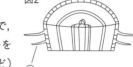

□①を【根毛】といい，このつくりがあることで，根の【表面積】が大きくなり，【水】や肥料分を効率よく吸収できる。 (海陽中など)

①

□次のア～エのうち，根に養分をたくわえるはたらきが最も少ない植物は，【ウ】である。 (浅野中など)

ア　ダイコン　　イ　サツマイモ　　ウ　タマネギ　　エ　ニンジン

□次のア～エの植物について，おもにどの部分を食べているか，当てはまるものをそれぞれ記号で答えなさい。 (日本女子大学附属中など)

ア　レタス　　イ　ゴボウ　　ウ　タケノコ　　エ　ピーマン

根【イ】　茎【ウ】　葉【ア】　実【エ】

□植物がよく育つには，発芽に必要な3つの条件のほかに，【光】と【肥料】が必要である。 (東京学芸大学附属世田谷中など)

入試で差がつくポイント　解説→p151

□図3は，根の先端の縦断面を模式的に表したものである。Xの部分が他の部分よりも丈夫にできている理由を，簡単に説明しなさい。(昭和学院秀英中など)

図3

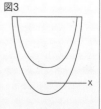

[　例：細胞分裂をさかんに行う成長点を保護するため。　]

図で見る重要ポイントのチェック ✏

〈種子のつくり（被子植物）〉

有胚乳種子
　胚乳に発芽のための栄養分をたくわえる

無胚乳種子
　子葉に発芽のための栄養分をたくわえる

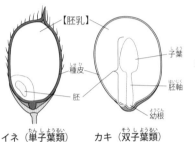

イネ（単子葉類）　カキ（双子葉類）

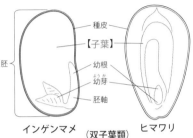

インゲンマメ（双子葉類）　ヒマワリ

- 種子は【胚】，胚乳，種皮の3つの部分に分けられる。
- 【胚】は，植物の根，茎，葉になる部分で，子葉，【胚軸】，幼根，幼芽からできている。根になるのは【幼根】，茎になるのは胚軸，葉（本葉）になるのは【幼芽】である。
- 子葉が1枚のものを【単子葉】類，2枚のものを【双子葉】類という。
　単子葉類：イネ科，ユリ科，アヤメ科，ツユクサ科　など
　双子葉類：アブラナ科，マメ科，バラ科，ウリ科，キク科　など
- 発芽のための養分を胚乳にたくわえる種子を【有胚乳種子】という。
　単子葉類：イネ，トウモロコシ，ムギ　など
　双子葉類：カキ，オシロイバナ　など
- 発芽のための養分を子葉にたくわえ，胚乳のない種子を【無胚乳種子】という。
　マメ科（インゲンマメ，ダイズ，エンドウ），ウリ科（ヘチマ，カボチャ）
　アブラナ科（アブラナ，ダイコン），キク科（キク，ヒマワリ）　など

〈発芽の順序〉

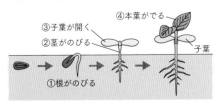

④本葉がでる
③子葉が開く
②茎がのびる
④本葉がでる
子葉
①根がのびる

① 【幼根】がのびて根になる。
② 【胚軸】がのびて茎になり，地上に出る。
③ 地上で【子葉】が開く。
④ 【幼芽】が成長して本葉になる。

ゼッタイに押さえるべきポイント

図1はインゲンマメの種子の断面，図2はインゲンマメの苗，図3はカキの種子の断面を表したものである。（横浜雙葉中など）

図1

図2

図3

□図1の⑥を【子葉】という。

□発芽すると，図1の⑥は図2の【C】，⑥は図2の【D】になる。

□図1の⑥～⑥のうち，発芽のとき最初に種皮を破って出てくるのは【⑥】で，【幼根】という。

□図1の⑥にあたる部分は，図3では【③】になる。

□図3で，発芽のために養分をたくわえているのは【④】で，【胚乳】という。

□図4は，イネのもみの断面図である。ア～エから，種子に相当する部分をすべて選びなさい。【イ，ウ，エ】 図4

□図4のア～エのうち，米（白米）として食べている部分は【ウ】である。

□次のア～オのうち，イネの芽生えのようすを表す図として正しいものは【ウ】である。 （昭和学院秀英中など）

ア　　　　　イ　　　　　ウ　　　　　エ　　　　　オ

入試で差がつくポイント　解説→p151

□次のうち，子葉に養分をたくわえている種子は【ア】である。（市川中など）
　ア　インゲンマメ　　イ　トウモロコシ　　ウ　イネ　　エ　カキ

□次のうち，種子にたくわえている養分として，油の割合が多い種子を2つ選びなさい。【イ・オ】 （市川中・六甲学院中など）
　ア　ダイズ　　イ　アブラナ　　ウ　イネ
　エ　トウモロコシ　　オ　ゴマ

図で見る重要ポイントのチェック ✏️

〈発芽条件を調べる実験 （インゲンマメ）〉

実験1
- 水をふくんだ脱脂綿 → 発芽した
- かわいた脱脂綿 → 発芽しない
  発芽には【水】が必要。

水をふくんだ脱脂綿　　かわいた脱脂綿
発芽した　　　　　　　発芽しない

実験2
水をふくんだ脱脂綿に種子をのせる
- 暖かい場所 → 発芽した
- 冷たい場所 → 発芽しない
  発芽には【適当な温度】が必要。

暗箱
暖かい
発芽した

冷蔵庫
冷たい
発芽しない

実験3
- 水にひたす → 発芽した
- 水に沈める → 発芽しない
  発芽には【空気（酸素）】が必要。

水にひたす　　　　水に沈める
発芽した　　　　　発芽しない

- 実験1 では，【水】の有無以外の条件を同じにしているので，発芽には【水】が必要なことがわかる。
- 実験2 では，実験1 でわかった水はどちらにも与えてあり，【温度】以外の条件は同じにしている。冷蔵庫に入れた種子は発芽しないので，発芽には【適当な温度】が必要なことがわかる。
- 実験3 では，実験1，実験2 でわかった水と適当な温度はどちらにも与えてあり，ちがっているのは【空気（酸素）】にふれているかどうかだけである。水に沈めた種子は発芽しないので，発芽には【空気（酸素）】が必要なことがわかる。
- 実験2 では，どちらも暗い場所に置いたことから，発芽に【光】は必要ないことがわかる。
- 実験1〜3 で，脱脂綿や水に肥料を加えていないことから，発芽に【肥料】は必要ないことがわかる。

> レタスやイチゴなど，
> 発芽に光が必要な植物
> もあるよ。

ゼッタイに押さえるべきポイント ✐

□種子が発芽するには，【空気（酸素）】,【水】, 適当な【温度】の3つが必要である。
（東京学芸大学附属世田谷中など）

インゲンマメの種子を，表のようにして発芽するかどうかを調べた。

A	蛍光灯の下におき，かわいた脱脂綿に種子をのせた。
B	蛍光灯の下におき，水でしめらせた脱脂綿に種子をのせた。
C	蛍光灯の下におき，脱脂綿と種子を水に沈めた。
D	暗い箱にいれ，水でしめらせた脱脂綿に種子をのせた。
E	5℃の冷蔵庫にいれ，水でしめらせた脱脂綿に種子をのせた。

□発芽したものを，A～Eからすべて選びなさい。（横浜雙葉中など）【B，D】

□BとDを比べると，発芽に【光】は必要ないことがわかる。
（香蘭女学校中等科など）

□発芽に適当な温度が必要なことは，【D】と【E】を比べるとわかる。

図1の①～⑨の条件で，インゲンマメの種子が発芽するかどうかを調べたところ，②と⑤だけ発芽した。

図1

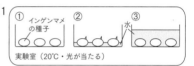
実験室（20℃・光が当たる）

□①～⑨の条件で，発芽に空気（酸素）が必要なことがわかる2個の組み合わせは，【②, ③】【⑤, ⑥】の組である。

暗室（20℃・光が当たらない）

□⑤と⑧を比べることで，発芽には【（適当な）温度】が必要なことがわかる。
（立命館中など）

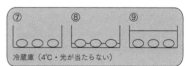
冷蔵庫（4℃・光が当たらない）

📖 入試で差がつくポイント 解説➡p151

□図1と同じ実験をレタスの種子で行うと，発芽したのは②だけになった。その理由を「レタスの種子は」に続けて簡単に説明しなさい。（城北中など）

[レタスの種子は光を当てないと発芽しないため。]

図で見る重要ポイントのチェック ✏

	ジャガイモ	サツマイモ
科	【ナス】科	【ヒルガオ】科
同じ科の植物	ナス，トマト，ピーマンなど	ヒルガオ，アサガオなど
いもができる部分	【茎】	【根】
発芽のようす	芽 根 芽と根が同じところから出る	芽　根 芽と根が反対側から出る

- ジャガイモでは，種いもにある【くぼみ】から，芽が先に出る。また，芽が出た後に同じくぼみから根が出る。
- サツマイモでは，種いもの【茎】とつながっていた側のくぼみから芽が出て，反対側のくぼみから根が出る。

〈育て方〉

- ジャガイモ
  種いもをいくつかに切る。
  芽が出たら丈夫な1本だけを残す。

- サツマイモ
  種いもを苗床に埋める。
  芽が30cmくらいになったら切って，
  畑にうえる。

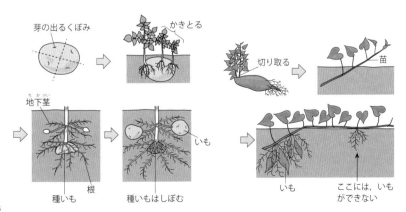

芽の出るくぼみ　かきとる

地下茎

種いも　　根　　種いもはしぼむ　　いも

切り取る　　苗

いも　　ここには，いもができない

ゼッタイに押さえるべきポイント ✏

□ジャガイモは【ナス】科で，同じ科の植物は，次のうち【ウ】である。
　　ア　カボチャ　　イ　アサガオ　　ウ　トマト　　エ　ダイズ
　　　　　　　　　　　　　　　　　　　　　　　　（駒場東邦中など）

□次の①～⑥について，ジャガイモにのみ当てはまるときは「ジ」，サツマ
　イモのみに当てはまるときは「サ」，両方に当てはまるときは「〇」，どち
　らにも当てはまらないときは「×」をつけなさい。

　　　　　　　　　　　　　　　　　　　（慶應義塾湘南藤沢中等部など）

①いもは，根が太ってできたものである。【サ】

②いもは，茎が太ってできたものである。【ジ】

③いもは，受粉したあと，子房（しぼう）が育ってできたものである。【×】

④いもから出た芽を切って，土に植えて育てる。【サ】

⑤種いもを切って，土に植えて育てる。【ジ】

⑥日当たりのよい所で育てると，いもがたくさんできる。【〇】

□図1で，サツマイモの芽と
　根の出方として正しいもの
　は【ウ】である。

図1

ア　　　　イ　　　　ウ　　　　エ

□図2で，ジャガイモの芽と
　根の出方として正しいもの
　は【エ】である。
　（神戸海星女子学院中など）

図2

ア　　　　　イ　　　　　ウ　　　　エ

📖 入試で差がつくポイント　解説→p151

□ジャガイモやサツマイモは，親株（おやかぶ）のからだの一部が子いもとなって増えて
　いくので，子いもは親株と同じ遺伝子（いでんし）をもつことになる。品質が安定する
　反面，ある病気が流行すると，全部かれてしまうおそれがある。その理由
　を簡単（かんたん）に説明しなさい。　　　　　　　　　　　　（洗足学園中など）

> 例：遺伝子がすべてのいもで同じなので，かかりやすい病気も同じに
> 　なるから。

要点をチェック

- 雄しべの先端にある【やく】でつくられた花粉が，雌しべの先端の【柱頭】につくことを受粉という。
- 同じ花（株）の花粉が受粉することを【自家】受粉，ほかの花（株）の花粉が受粉することを【他家】受粉という。

〈花粉の運ばれ方〉

【虫】媒花	【風】媒花	その他
昆虫，鳥などの小動物のからだについて運ばれる。	風によって運ばれる。	水中でくらす植物の花粉は，水によって運ばれる。
大きさ：大きい。 特徴：とげがある。べたべたする。 →くっつきやすくなっている。 花には目立つ花びらがある。	大きさ：小さい（軽い）。 特徴：空気袋がある。 →風に運ばれやすくなっている。 花は目立たないものが多い。	
アブラナ　カボチャ　ヒマワリ	トウモロコシ　マツ　ススキ　空気袋	オオカナダモ クロモ

図で見る重要ポイントのチェック

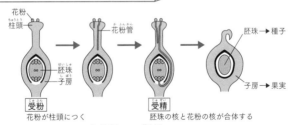

受粉　花粉が柱頭につく

受精　胚珠の核と花粉の核が合体する

- 受粉すると，花粉から【花粉管】が胚珠へ向かってのびる。
- 胚珠の【核】と花粉の【核】が合体することを【受精】という。
- 受精がおこると，胚珠は【種子】に，子房は【果実】に成長する。

〈食物として食べている部分〉

- 子房が成長したもの
  カキ，ウメ，エンドウなど
- 花たくが成長したもの
  リンゴ，ナシ，イチゴなど

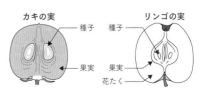

カキの実　リンゴの実

ゼッタイに押さえるべきポイント

□次のア～エのうち，花粉が風によって運ばれる植物の特徴として適切なものは，【ウ】である。　　　　　　　　　　　　　　　　　（巣鴨中など）

　　ア　あざやかな色の花びらをもつ　　イ　みつやにおいを出す花がさく
　　ウ　小さくて軽い花粉をたくさんつくる　　エ　べとべとした花粉をつくる

□マツの花粉は右のア～エのうち，【ア】である。ただし，倍率はすべて異なっている。
（明治大学付属明治中など）

　　　ア　　　　イ　　　　ウ　　　　エ

□さきそうなアサガオのつぼみア～オに，それぞれ次の操作を行った。このとき，実ができなかったものは【ア】・【イ】・【オ】の３つである。

　　ア　つぼみの間に雄しべをすべて取り去り，花がしぼむまで袋をかける。
　　イ　つぼみの間に雌しべを取り去り，花がさいてしぼむまで袋をかける。
　　ウ　つぼみの間から花がさいてしぼむまで袋をかける。
　　エ　つぼみの間に雄しべをすべて取り去り，袋をかけずに花をさかせる。
　　オ　つぼみのうちに雌しべを取り去り，袋をかけずに花をさかせる。

（慶應義塾中等部など）

□受粉すると，花粉は【花粉管】をのばして花粉の【核】を送る。これが胚珠に達することで【受精】が起こり，【種子】ができる。（鎌倉女学院中など）

□ウメと実のつくりが同じものは，次のア～オのうち【ウ】と【オ】である。

　　ア　リンゴ　イ　ナシ　ウ　モモ　エ　クリ　オ　サクランボ

（慶應義塾中等部など）

入試で差がつくポイント　解説→p151

□ツリフネソウという植物は，図1のような花をさかせる。この花にやってきて，図2のように空中でみつを吸う虫がいる。この虫が，花にとって都合が悪い点を簡単に説明しなさい。　　　（武蔵中など）

図1　　　　　　　図2

ツリフネソウ

雄しべと雌しべ

口

みつがたまっている

例：この虫は，雄しべや雌しべに触れずにみつを吸うから，受粉の手助けをしてもらえないという点。

テーマ17 植物 遺伝と遺伝子のはたらき

図で見る重要ポイントのチェック

〈遺伝のしくみ〉

- 種の色など，生物のもつ特徴（形質）は，親から子へ【遺伝】する。

- 形質を子に伝えるものを【遺伝子】といい，細胞の核にある【染色体】の中にある。染色体は，両親から半分ずつ受け継ぐ。

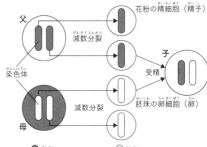

顕性形質（黄色）の遺伝子をもつ染色体

潜性形質（緑色）の遺伝子をもつ染色体

- 同時に現れない形質（対立形質）の遺伝子を半分ずつ受け継いだとき，子に現れる方を【顕性】形質，現れない方を【潜性】形質という。

- 遺伝子の本体は【DNA】（デオキシリボ核酸）という物質である。

〈からだのつくりと遺伝子〉

- 遺伝子のはたらきで，葉や花などのつくりができる。からだのつくりごとに，はたらく遺伝子の種類や組み合わせがちがう。

〈遺伝子のはたらきを調べる実験〉

(1) 完全花の４つのつくりにかかわる３つの遺伝子をA，B，Cとする。

(2) 正常な花では外側から順に，A〜Cが図1のような組み合わせではたらいて，がく，花弁，雄しべ，雌しべができる。

(3) AがはたらかないようにするとAがはたらいていた部分でも，Cがはたらくようになる。

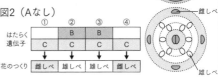

図1（正常）

はたらく遺伝子	①	②	③	④
		B	B	
	A	A	C	C
花のつくり	がく	花びら	雄しべ	雌しべ

図2（Aなし）

はたらく遺伝子	①	②	③	④
		B	B	
	C	C	C	C
花のつくり	雌しべ	雄しべ	雄しべ	雌しべ

(4) 正常な花であればがくになる①の部分が【雌しべ】に，花びらになる②の部分が【雄しべ】になる（図2）。

- 遺伝子がはたらく前の，受精卵などの細胞は，いろいろなつくりになれる。そのようなはたらきをもつ人工の細胞がES細胞（受精卵からつくる）や【iPS】細胞（皮膚などからつくる）である。

ゼッタイに押さえるべきポイント ✏️

□体をつくる細胞が、図1のような 染色体をもつ両親X、Yがある。 この両親から産まれる子の体の 染色体として考えられるものを、 右のア～カからすべて選びなさい。【エ，オ】

図1

図2のように、シロイヌナズナの花を1～4の領域に分けると、表のように、1～4の領域に遺伝子A，B，Cがはたらくことで、がく、花びら、雄しべ、雌しべができる。また、遺伝子A，Cのどちらか一方がはたらかなくなると、はたらかなくなった遺伝子がはたらいていた領域には、もう一方の遺伝子がはたらくようになる。しかし、遺伝子Bは遺伝子AとCの影響を受けない。

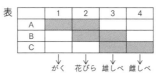

□花のつくりごとに、どの遺伝子がはたらいてできるかを、次のア～オから 選びなさい。　　　　　　　　　　　　　　　　　　（ラ・サール中など）
　　ア　Aだけ　　イ　Bだけ　　ウ　Cだけ　　エ　AとB　　オ　BとC
がく【ア】，花びら【エ】，雄しべ【オ】，雌しべ【ウ】

□遺伝子Bを人工的に1～4すべての領域ではたらかせると、1は【花びら】， 2は【花びら】，3は【雄しべ】，4は【雄しべ】になる。　　（雙葉中など）

□さまざまなつくりになる能力をもった人工細胞のうち、皮膚などの細胞か らつくったものを【iPS】細胞という。　　　　（明治大学付属明治中など）

📖 入試で差がつくポイント　解説→p151

□図2の遺伝子Cがはたらかなかった植物は、子孫を残せない。その理由を、 花がさいたとき領域1～4のそれぞれでできるつくりをあげて、簡単に説 明しなさい。　　　　　　　　　　　　　　　　（雙葉中・須磨学園中など）

例：領域1と4ではがく、領域2と3では花びらができるので、雄しべ と雌しべがなく、（受粉によって）種子ができないから。

要点をチェック ✐

〈開花時期〉

春	夏	秋	冬
サクラ，タンポポ，アブラナ，コムギ，スミレ，レンゲソウ	ヒマワリ，アサガオ，ヘチマ，ツユクサ，イネ，アジサイ	ヒガンバナ，キク，コスモス，ススキ，キキョウ，ハギ	サザンカ，ツバキ

- 夜の長さ（連続した暗い時間）が，【短く】なると花がさく植物を長日植物，【長く】なると花がさく植物を短日植物という。

  長日植物：アブラナ，コムギ，ダイコン…【春】にさくものが多い。

  短日植物：アサガオ，キク，コスモス…【夏】から【秋】にさくものが多い。

〈種子の運ばれ方〉

動物の【体について】運ばれる		自分ではじけて飛ぶ		動物に【食べられて】運ばれる	
オナモミ	イノコズチ	ホウセンカ	カタバミ	ナンテン	ヤドリギ
【風】によって運ばれる➡飛びやすい形をしている				種子が落ちてころがる	
毛があり軽い		羽があり【軽い】		大型で【重い】	
タンポポ	ススキ	カエデ	マツ	クヌギ	コナラ

〈落葉樹と常緑樹〉

- 秋になると葉の色が変わり，葉を落とす植物を【落葉樹】という。

  黄色になる：イチョウ，ポプラ，ハルニレ，イタヤカエデ，カラマツ　など

  赤色になる：カエデ，ツツジ，ウルシ，ナナカマド，ツタ　など

- 植物が葉を落とすのは，蒸散量を減らして，冬の【低温】や【水】不足にたえるためである。

- 1年を通して，葉をつけている樹木を【常緑樹】という。

  例：マツ，スギ，ヒノキ，ツバキ，サザンカ　など

ゼッタイに押さえるべきポイント

□右のア〜エのうち，風を利用して
種子を散布するのは【ア，イ】で
ある。　　　　　　（巣鴨中など）

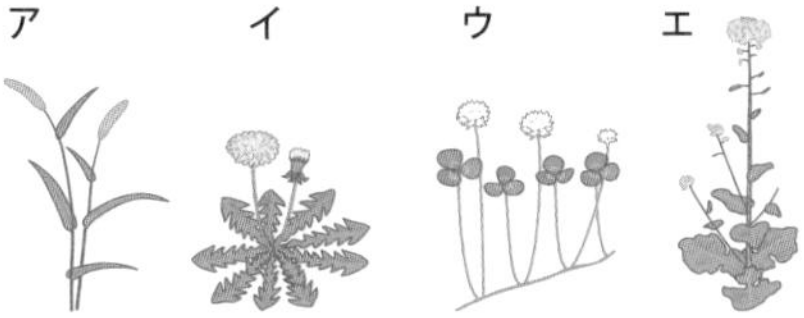

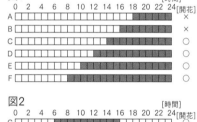

ア　　　　　イ　　　　　ウ　　　　　エ

□カタバミの種子の運ばれ方は次のア〜エのうち【ウ】であり，カタバミと
種子の運ばれ方が同じ植物はオ〜クのうち【オ】である。

　　　　　　　　　　　　　　　　　　　（洛南高等学校附属中など）

ア　虫が運ぶ　　イ　風に飛ばされる　　ウ　はじける　　エ　落ちる
オ　カラスノエンドウ　カ　タンポポ　キ　ヘビイチゴ　ク　オナモミ

ある植物を10株用意し，A〜Jとした。それぞれ時間を変えて光を当て，開
花するかどうかを調べた。

□A〜Fの結果は，図1のようにな
った。この植物が開花する条件は，
連続した暗い時間が【10】時間
以上，または連続した明るい時間
が【14】時間以下であるとわかる。

図1

□図2のG〜Jの結果から，この植
物が開花する条件は，連続した
【暗】い時間が【10】時間以上と
わかる。

（六甲学院中・攻玉社中など）

図2

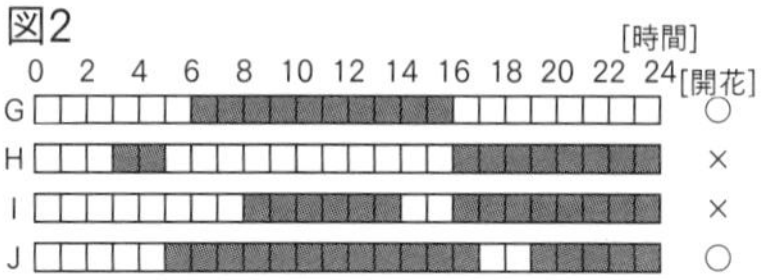

入試で差がつくポイント　解説→p151

□図の植物の実のトゲは，マジックテープのように
色々なものにくっつきやすい形をしている。植物
の名前を答え，実がこのような形をしている理由
を簡単に説明しなさい。

（早稲田実業学校中等部など）

植物の名前【オナモミ】

理由　│　例：動物の体について運ばれるため。

テーマ19 植物 冬の植物

要点をチェック

〈植物（草）の冬のすがた〉

冬のすがた		主な植物
【種子】		アサガオ，カボチャ，ヒマワリなど
葉	（ふつうの）葉	アブラナ，エンドウ，ヒガンバナなど
	【ロゼット】	タンポポ，ナズナ，ダイコン，ハルジオンなど
地下の【茎】		ススキ，アヤメ，ハスなど
【根】		ダリア，キク，ヤマノイモなど

- 種子で冬を越す植物は，【春】に発芽して【夏】に開花し，【秋】にかれる。
- 【秋】に発芽して翌年の【春】に開花し，【夏】にかれる植物は，葉をつけた状態で冬を越す。
- 何年も生きる植物には，秋に地上部分がかれるものと，ずっと地上部分が残るものがある。秋に地上部分がかれるものは，土の中の【茎】や【根】で冬を越して，翌年の春に新しく葉を広げる。地上部分が残るものは，葉をつけた状態で冬を越す。
- 葉をつけた状態で冬を越す植物には，地面に葉を広げる【ロゼット】というすがたで冬を越すものがある。

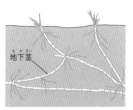
地下茎

ロゼット

- ロゼットは，地面の熱を逃がさない，冷たい風をよけるなどの利点がある。

〈樹木の冬のすがた〉

- 気温が低くなると葉を落とす樹木を【落葉樹】という。葉が落ちたあとには，翌年の春の新しい葉となる【冬芽】ができている。
- サクラは花芽と葉芽が別で，ふくらみの大きいものが【花】に，細長いものが【葉】になる。
- マツ・スギ，ツバキ・カシなど，一年中葉をつけている樹木を【常緑樹】という。サザンカなど，冬に花をさかせるものもある。

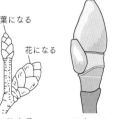
葉になる
花になる
サクラ　　モクレン

ゼッタイに押さえるべきポイント ✎

□次のア〜エのうち，種子で冬を越す植物は，【イ】である。 （巣鴨中など）
　ア　ススキ　　イ　アサガオ　　ウ　タンポポ　　エ　アブラナ

□次のア〜エのうち，秋に葉を落として冬芽をつける樹木は，【ウ】である。
　ア　シイ　　イ　アカマツ　　ウ　イチョウ　　エ　スギ

（学習院女子中等科など）

□次のア〜エのうち，冬も緑の葉をつける広葉樹，【ア，イ】である。

（鎌倉女学院中など）

　ア　モミ　　イ　ツバキ　　ウ　カエデ　　エ　クヌギ

□右の図は開花前のソメイヨシノの枝の先のようすである。葉になるものは【A】と【D】，花になるものは【B】と【C】である。　　　（聖光学院中など）

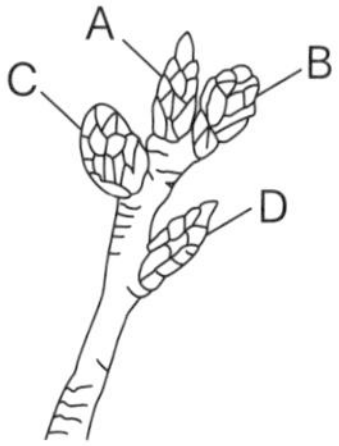

□タンポポやヒメジョオンは，冷たい風にあたらないように，葉を広げた【ロゼット】というすがたで冬を越す。

（山手学院中など）

□ススキは【茎（地下茎）】で冬を越す。　　　（湘南白百合学園中など）

📖 入試で差がつくポイント 　解説→p151

□右の図はヘチマ，タンポポ，サクラ，ヒマワリの開花時期を表している。花がさく前には，植物の体の中で花芽となる部分がつくられる。冬の低い気温をきっ

	1月	2月	3月	4月	5月	6月	7月	8月	9月	10月	11月	12月
ヘチマ									■	■		
タンポポ			■	■	■							
サクラ			■									
ヒマワリ							■	■	■			

けにして，花芽がつくられると予想される植物を，すべて答えなさい。 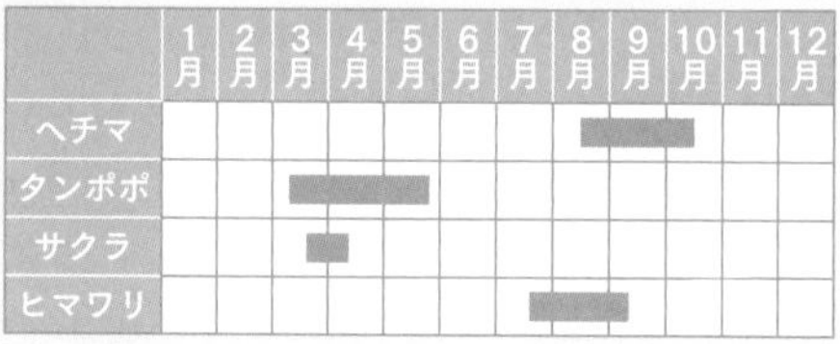
【タンポポ，サクラ】　　　　　　　　　　　（筑波大学附属駒場中など）

□タンポポのように葉をつけた状態で冬を越すと，春先に有利な点がある。それは何か，簡単に説明しなさい。　　　（聖光学院中など）

例：春に発芽する他の植物よりも先に光合成を行うことができるので，早く成長できる。

動物 昆虫の体のつくり

図で見る重要ポイントのチェック ✏️

〈体全体のようす〉

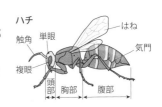

ハチ
- はね
- 単眼
- 触角
- 気門
- 複眼
- 頭部
- 胸部
- 腹部

- 体は【頭部】,【胸部】,【腹部】の3つの部分からできている。
- 全身がかたい【から】(外骨格)に包まれている。

〈頭部〉

- 頭部には,1対2本の【触角】,1対2個の【複眼】,多くは3個の単眼がある。
- 触角は,ものに触れることで,形や大きさ,味や【におい】を感じとる。
- 複眼は,六角形の小さな眼が集まったもので,ものの形や【色】を感じとる。幼虫の時期にはない。
- 単眼は,光の【量】や向きを感じとる。セミ,トンボ,バッタ,ハチ,ハエなどは3個,チョウは2個,カブトムシにはない。
- 食物に応じた口のつくりをもつ(右図)。

口のつくり

アブラゼミ（さして吸う）　モンシロチョウ（吸う）　トノサマバッタ（草をかむ）

イエバエ（なめる）　アカイエカ（さして吸う）　トンボ（動物の肉をかむ）

〈胸部〉

- 3対【6】本のあしがある。(胸部の前・中・後それぞれに1対ずつ)
- 多くの昆虫には,2対【4】枚のはねがある。ただし,はねは退化して数が減っているものもある。(2枚:ハエ,カなど,0枚:ノミ,アリなど)
- 生活場所に合わせたあしのつくりをもつ(下図)。

カマキリ	ハエ	カブトムシ	バッタ	ゲンゴロウ	ケラ
虫をつかまえる	どこでもとまれる	よじ登る	とびはねる	泳ぐ	土をほる

〈腹部〉

- 腹部には呼吸のための【気門】がある(胸部にもある)。ここでとり入れた空気(酸素)は,体内の【気管】を通って全身に運ばれる。

ゼッタイに押さえるべきポイント ✏️

□昆虫には，ふつう【2】対【4】枚のはねがある。あしは【3】対【6】本で，いずれも【胸】部についている。　（お茶の水女子大学附属中など）

□ハエやカは，はねが【2】枚である。　（品川女子学院中等部）

□昆虫の頭部にあり，接触，音，においなどを感じとる器官を【触角】という。
（海陽中など）

図1は昆虫の頭部，図2はカマキリの成虫，図3は昆虫のあしである。

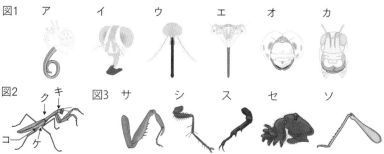

図1　ア　　イ　　ウ　　エ　　オ　　カ

図2　ク　キ　　図3　サ　　シ　　ス　　セ　　ソ
コ　　ケ

□図1で，セミは【エ】で，口は【吸う】ことに適したつくりをしている。トノサマバッタは【カ】で，口は【かむ】ことに適したつくりをしている。
（慶應義塾中等部・高槻中など）

□図2で，腹部と胸部の境目は，キ～コのうち，【コ】である。（開成中など）

□図3のサ～ソのうち，土をほるのに適したものは【セ】，木の幹につかまるのに適したものは【ス】である。

□昆虫は酸素を胸部や腹部にある【気門】でとり入れ，【気管】で全身に運んでいる。　（浅野中など）

📖✏️ 入試で差がつくポイント　解説→p151

□池などにいるマツモムシという昆虫は，後ろあしが長く，毛が密生している（右図）。このあしはどのようなはたらきに適したつくりといえるか，簡単に説明しなさい。
（慶應義塾中等部など）

　例：水をかいて進む（泳ぐ）。

要点をチェック

〈昆虫の育ち方〉

【完全】変態	幼虫が【さなぎ】になってから，成虫になる	チョウ，カブトムシ，ハチ，テントウムシ，ホタルなど
【不完全】変態	幼虫がさなぎにならずに，成虫になる	セミ，バッタ，トンボ，カマキリ，コオロギなど
無変態	形が変わらず，脱皮だけで成長する	トビムシ，シミなど

図で見る重要ポイントのチェック

完全変態（卵→幼虫→【さなぎ】→成虫）

不完全変態（卵→幼虫→成虫）

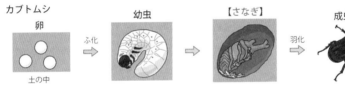

- チョウのなかまの【さなぎ】の時期はおよそ【7】日間くらいで，ほとんど動かず，えさを食べないですごす。内部では成虫の体がしだいにできる。
- アゲハは，【ミカン】のなかまの葉に産卵する。
- セミの幼虫は，土の中で数年間すごし，羽化は日没後に起こる。
- トンボの幼虫のやごは，水中でくらすため【えら】で呼吸している。
- 大型のトンボのオニヤンマは，幼虫（やご）として3〜4年くらいすごす。

ゼッタイに押さえるべきポイント ✏️

□図1のア〜クで，昆虫ではないものは【エ】と【キ】である。

（東京学芸大学附属世田谷中など）

図1

□図1のア〜クで，昆虫であるもののうち，幼虫から成虫になるとき，さなぎにならないものをすべて選びなさい。【イ，ウ，オ，ク】

（甲陽学院中・開成中など）

□モンシロチョウは幼虫からさなぎを経て成虫となる。このような成長のしかたを【完全変態】という。　　　　　（青山学院中等部など）

□ナミテントウやゲンジボタルは，さなぎに【なる】。（慶應義塾普通部など）

□やごは【トンボ】の幼虫である。　　（山手学院中・西大和学園中など）

📖 入試で差がつくポイント　解説→p152

□昆虫の体のつくりとして，正しいものは【イ】である。

（慶應義塾湘南藤沢中等部・東京学芸大学附属世田谷中など）

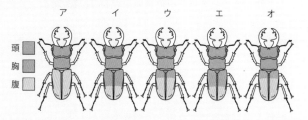

□なめるようにしてえさを食べる昆虫の頭部を2つ選びなさい。【イ・カ】

（慶應義塾湘南藤沢中等部など）

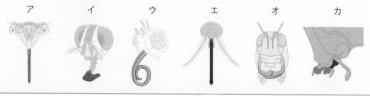

図で見る重要ポイントのチェック ✎

〈モンシロチョウの育ち方〉

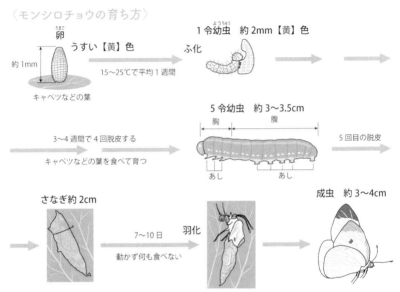

卵　うすい【黄】色
約1mm
キャベツなどの葉

15～25℃で平均1週間

1令幼虫　約2mm【黄】色
ふ化

3～4週間で4回脱皮する
キャベツなどの葉を食べて育つ

5令幼虫　約3～3.5cm
胸　腹
あし　あし

5回目の脱皮

さなぎ約2cm

7～10日
動かず何も食べない

羽化

成虫　約3～4cm

- モンシロチョウがみられる時期：3月下旬～10月
- モンシロチョウは卵を【アブラナ】科の植物の，葉の裏側にうむ。
- ふ化した幼虫は，はじめに自分が入っていた卵の【から】を食べる。
- 幼虫は，葉を食べることでしだいに緑色に変わり，【アオムシ】とよばれるようになる。
- 幼虫の胸にはつめのようなあしが【6】本,腹には吸盤のようなあしが【10】本ある。

〈幼虫の飼育〉

- 卵のついた葉を飼育容器に入れる。容器は空気が通るように穴を開け，乾燥しないように，ぬれたティッシュペーパーを入れる。
- 容器は直射日光が当たらない場所に置く。
- こまめにそうじをして，容器内を清潔に保つ。

穴　キャベツなどの葉
幼虫
水でぬらしたティッシュペーパー

ゼッタイに押さえるべきポイント ✏️

□次のうち，モンシロチョウの卵がみつかりやすい植物は【アブラナ】科の
【ウ】である。　　　　　　　　　　　　　　　　　　（市川中・巣鴨中など）

　　ア　ミカン　　　イ　クワ　　　ウ　キャベツ　　　エ　サクラ

□モンシロチョウの卵は【黄】色で，大きさは【1】mmほどである。
　　　　　　　　　　　　　　　　　　　　　　　　　　（青山学院中等部など）

□ふ化した直後の幼虫は【黄】色をしている。この幼虫は最初に【卵のから】
を食べる。　　　　　　　　　　（逗子開成中・日本女子大学附属中など）

□モンシロチョウの幼虫のあしは，前の方に【6】本，後の方に【10】本ある。
　　　　　　　　　　　　　　　　　　　　　（ラ・サール中・立教新座中など）

□モンシロチョウの幼虫の，成
長にともなう大きさ（体長）
の変化を表したグラフは，右
のア〜オのうち，【イ】である。

（青山学院中等部など）

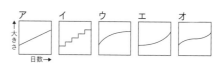

📖✏️ 入試で差がつくポイント　解説→p152

□モンシロチョウのふ化直後の幼虫を，い
ろいろな温度で飼育し，さなぎになるま
での日数を調べて表にまとめた。
（①）℃以下では,幼虫は成長しなかった。
飼育温度，（①）の温度，さなぎになる
までの日数の関係は，次の式で表せるこ
とがわかった。

（飼育温度−①）×さなぎになるまでの
日数＝200

表の①〜③に当てはまる数を，それぞれ答えなさい。（ラ・サール中など）

飼育温度（℃）	さなぎになるまでの日数（日）
28	10
18	20
（　②　）	25
13	（　③　）
12	50
（　①　）	成長が止まる
6	成長が止まる

①【8】　　②【16】　　③【40】

動物 セキツイ動物の分類

要点をチェック

《セキツイ動物》

- 背骨をもつ動物をまとめて【セキツイ】動物という。
- セキツイ動物は，体のつくりなどの特徴によって，【ホニュウ】類，【鳥】類，【ハチュウ】類，【両生】類，【魚】類の5つに分類できる。

《セキツイ動物の分類》

	呼吸	体温	体表	うまれ方	産卵場所	おもな動物
ホニュウ類	肺	【恒】温	体毛	【胎】生	—	イヌ，クジラ
鳥類	肺	【恒】温	羽毛	【卵】生	陸上	ハト，ペンギン
ハチュウ類	肺	【恒】温	うろこ	【卵】生	陸上	トカゲ，ヤモリ
両生類	えら→肺	【変】温	粘膜	【卵】生	水中	カエル，イモリ
魚類	えら	【変】温	うろこ	【卵】生	水中	フナ，メダカ

《セキツイ動物の特徴》

- ホニュウ類の子は，母親の【子宮】である程度育ってから産まれ，【乳】を飲んで育つ。
- 鳥類は，陸上に丈夫な【から】のある卵を産み，親が温める。また，親は産まれた子に【えさ】を与えるなどの世話をする。
- ホニュウ類や鳥類は，体毛や羽毛をもち体温を一定に保つことができる【恒温】動物であり，ハチュウ類，両生類，魚類は，まわりの温度によって体温が変わる【変温】動物である。
- ハチュウ類は，陸上に丈夫な【から】のある卵を産む。親は卵を産んだ後の世話をしない。
- 両生類は卵を水中に産む。卵は【寒天質】におおわれている。
- 両生類は，子（幼生）から親になるとき体の形が変わる。これを変態という。カエルの幼生を【オタマジャクシ】という。
- 両生類は，幼生の間は【えら】で，成体になると【肺】と【皮膚】で呼吸する。
- 魚類は，一生を水中でくらす。卵は【うすい膜】におおわれている。

> イモリは両生類で
> ヤモリはハチュウ類か。

ゼッタイに押さえるべきポイント✐

□キリン，ハト，カメ，コイに共通する特徴で，アリやタコにない特徴は，【背骨（セキツイ）】があることである。　　　　　　　　（湘南白百合学園中など）

□背骨をもつ動物をまとめて【セキツイ】動物という。

（頌栄女子学院中・久留米大学附設中など）

次の表は，セキツイ動物の特徴をまとめたものである。

特徴	A	B	C	D	E
① 体毛や羽毛をもつ	×	○	×	×	○
② 子を母乳で育てる	×	○	×	×	×
③ からのある卵を産む	×	×	○	×	○
④ 肺で呼吸する時期がある	○	○	○	×	○

□イワシ，カエル，トカゲ，ニワトリ，イヌは，それぞれA～Eのどれに当てはまるか。　　　　　　　　　　　　　　　　　　　　　　　　（芝中など）

イワシ【D】，カエル【A】，トカゲ【C】，ニワトリ【E】，イヌ【B】

□表の①に当てはまる動物は，【体温】を一定に保つことができる。このような動物を【恒温】動物という。　　　　　　　　　　　　（淑徳与野中など）

□表の④に当てはまるA，B，C，Eのうち，おもな呼吸器官が変わるものは【A】であり，幼生ではおもに【えら】で，成体になるとおもに【肺（と皮膚）】で呼吸する。　　　　　　　（頌栄女子学院中・晃華学園中など）

□表の③に当てはまらないA，B，Dのうち，卵を産まない【胎】生の動物は【B】である。

📖 入試で差がつくポイント　解説→p152

□次の①～④のうち，カエルの成長のようすとして正しいものを1つ選びなさい。　　　　　　　　　　　　　　　　　　　（白陵中・淑徳与野中など）

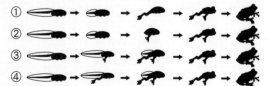

【④】

テーマ24 動物 無セキツイ動物の分類

要点をチェック

- 【背骨】がない節足動物，軟体動物などを無セキツイ動物という。

〈節足動物〉

- 節のあるあしをもつ動物を【節足】動物という。【外骨格】をもち脱皮する。

【昆虫】類	からだ	頭部・胸部・腹部に分かれている	キムラグモ 
	あし	胸部に3対6本	
	例	カブトムシ，カマキリなど	
クモ類	からだ	頭胸部と腹部に分かれている	アメリカザリガニ 
	あし	頭胸部に4対【8】本	
	例	クモ，サソリ，ダニなど	
甲殻類	からだ	頭胸部と腹部に分かれている	ムカデ 
	あし	頭胸部に5対【10】本の脚	
	例	エビ，ミジンコ，ダンゴムシなど	
多足類	からだ	頭部と胴部に分かれている	
	あし	胴部に多数	
	例	ムカデ，ヤスデ，ゲジなど	

- 昆虫類，クモ類，多足類では，呼吸のための空気は【気門】から出入りする。とり入れた空気は【気管】に入り，それぞれの細胞に運ばれる。
- エビやカニなど水中にくらす甲殻類は【えら】で呼吸している。

〈そのほかの無セキツイ動物〉

- イカやサザエ，アサリなどを軟体動物という。
- 軟体動物は内臓が【外套膜】におおわれている。

マイマイ（カタツムリ）

イカのなかま（頭足類）	タコ，オウムガイなど
サザエのなかま（腹足類）	タニシ，クリオネなど
アサリのなかま（二枚貝類）	ハマグリ，シジミなど

- ミミズのなかま（ゴカイ，ヒルなど）やウニのなかま（ヒトデ，ナマコ），イソギンチャクのなかま（クラゲ，サンゴなど）も，無セキツイ動物にふくまれる。

ゼッタイに押さえるべきポイント ✏️

□背骨をもたない動物をまとめて【無セキツイ】動物といい,その中で,昆虫,エビ,クモ,ムカデなどをまとめて【節足】動物という。

（早稲田大学高等学院中学部・鎌倉学園中など）

□次のア〜エのうち,節足動物は【イ】である。　　　（城北中など）

　ア　ミドリムシ　イ　ミジンコ　ウ　ゾウリムシ　エ　ツリガネムシ

□ダンゴムシは昆虫のなかまで【ない】。　　　（中央大学附属中など）

□右のア〜エのうち,ダンゴムシの頭部は【ウ】である。

（駒場東邦中など）

□次のア〜エのうち,ダンゴムシに最も近い仲間は【イ】である。

　ア　アリ　　イ　エビ　　ウ　テントウムシ　　エ　カタツムリ

（駒場東邦中など）

□軟体動物には内臓を保護する【外套膜】がある。

（早稲田大学高等学院中学部など）

□サンゴには,卵（たまご）でふえる,体のまわりにからをつくる,触手（しょくしゅ）をのばしてえさを取る,という特徴（とくちょう）がある。この特徴から考えて,サンゴに最も近いと考えられるものは次のア〜エのうち,【ウ】である。　（世田谷学園中など）

　ア　ウニ　　イ　アサリ　　ウ　イソギンチャク　　エ　ミミズ

📖✏️ 入試で差がつくポイント 〔解説→p152〕

□右の図のように,昆虫のからだのつくりを前から順にA・B・Cとおいたとき,クモのからだのつくりはどのように分けることができるか,次の中から選びなさい。また,その根拠となるからだのつくりを答えなさい。

（城北中など）

ア 　イ 　ウ

【イ】,根拠となるからだのつくり【あし】

図で見る重要ポイントのチェック ✏

〈メダカの体のつくり〉

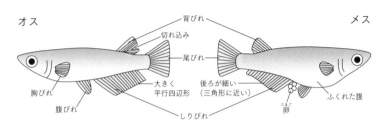

- 体の側面で水の【流れ】や圧力を感じて，水の流れと【反対（逆）】方向に泳ぐ。
- 産卵は，昼の長さが夜よりも長くなると始まり，朝早くに行われる。
- 卵には付着毛があり，【水草】などにからみつく。
- 産まれた卵は，親が【食べる】ことがあるので，別の水槽に移す。

〈産卵からふ化まで〉

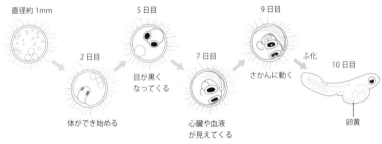

- 最適水温の25℃のとき，約【10】日でふ化する。水温が低いと，産卵から ふ化までの日数は【長く】なる。
- ふ化したばかりの稚魚は，腹にある【卵黄】の栄養分で生きるので，水槽の 底であまり動かず，【2〜3】日はえさを食べない。

〈メダカを入れる水槽〉

- 直射日光が当た【らない】，明るいところに置く。
- 水を入れかえるときは，くみ置きした水を，水槽の【半分】くらいずつ入れ かえる。
- よく洗った小石をしいて，水草を入れておく。

ゼッタイに押さえるべきポイント

□図1のア～カのうち，メダカのオスとメ
スで，異なる形のひれがついている部分
は【イ】【カ】である。

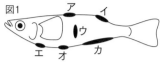
図1

（桐光学園中・明治大学付属中野中など）

□メダカの産卵に適した温度は【25】℃前後である。（江戸川学園取手中など）

□メダカの卵の直径は，約【1】mmである。　　（日本女子大学附属中など）

□子メダカになるのは,図2のあ,いのうち,【あ】であり，
もう一方は【栄養分】である。　　（栄光学園中など）

□図2のうには【水草】に【からみつく】はたらきがある。
（久留米大学附設中・横浜共立学園中など）

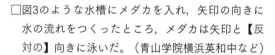
図2

□水温25℃のとき，子メダカが卵から出てくるまで約
【10】日である。卵から出てきたばかりのメダカは，
しばらくの間，水槽の【底】の方で動かない。

（日本女子大学附属中など）

□図3のような水槽にメダカを入れ，矢印の向きに
水の流れをつくったところ，メダカは矢印と【反
対の】向きに泳いだ。（青山学院横浜英和中など）

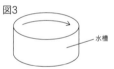
図3

水槽

□図4のように，しま模様の紙を周りに置いた水槽
にメダカを入れた。水は動かさず，矢印の向きに
しま模様の紙を回したところ，メダカは矢印と
【同じ】向きに泳いだ。　　　　　（市川中など）

図4

しま模様の紙

水槽

□メダカを入れた水槽の水を入れかえるときは，くみ置きの水道水を使い，
一度に入れかえる量は，水全体の【半分】くらいにする。（金蘭千里中など）

入試で差がつくポイント　解説→p152

□水槽に入れたメダカの上に手をかざして影をつくったところ，影から逃げ
るように泳いだ。この行動は，自然の中でどのような状況に対する反応と
考えられるか，簡単に説明しなさい。　　　　　　　　（市川中など）

例：天敵から逃げたり，危険から身を守ったりする反応。

テーマ26 動物 顕微鏡の使い方

図で見る重要ポイントのチェック ✏️

〈顕微鏡のつくり〉

【接眼】レンズ
鏡筒
アーム
【対物】レンズ
クリップ
ステージ
【反射】鏡
【調節】ねじ
鏡台
プレパラート
【スライド】ガラス
カバーガラス

- 顕微鏡は，【直射日光】が当たらない水平な場所に置く。
- 運ぶときは，片手で【アーム】を持ち，もう一方の手は鏡台を支える。
- カバーガラスをのせるときは，【気泡】が入らないようにする。

〈顕微鏡観察の手順〉

①先に【接眼】レンズをとりつけ，後から【対物】レンズをとりつける。
②接眼レンズをのぞき，反射鏡で視野全体が【明るく】なるように調節する。
③プレパラートを【ステージ】にのせ，クリップでとめる。
④【横】から見ながら，【調節ねじ】を回して，対物レンズをプレパラートぎりぎりまで近づける。
⑤接眼レンズをのぞきながら，④と反対に【調節ねじ】を回し，対物レンズをプレパラートからゆっくり遠ざけながらピントを合わせる。
⑥プレパラートを動かして，見たいものが視野の【中央】にくるようにする。
※顕微鏡の視野は，上下左右が反対になっているので，見たいものが視野の右上に見えるときは，プレパラートを【右上】に動かす。

見たいもの
プレパラート

- 観察は，まず【低い】倍率で行う。
- 視野の倍率は，【接眼レンズ】の倍率×【対物レンズ】の倍率で表される。
※接眼レンズ「15」，対物レンズ「×40」を使ったときは【600】倍になる。
- 対物レンズは，倍率が高いほど【長】くなる。
- 視野の倍率を高くすると，【狭い】範囲を大きくして見ることになる。このため，視野の明るさは【暗く】なる。
- 観察したものの大きさを測るために，ミクロメーターという器具を使うことがある。

ゼッタイに押さえるべきポイント

□顕微鏡で，接眼レンズが10倍，15倍の２種類，対物レンズが４倍，10倍，40倍の３種類がある。視野の倍率は，接眼レンズと対物レンズの組み合わせを変えることで，最小の【40】倍から最大の【600】倍までになる。

（東京学芸大学附属世田谷中など）

□観察したいものが，図1のように視野の左下にある。これを視野の中央に見えるようにするには，プレパラートを図2の【エ】の向きへ動かせばよい。

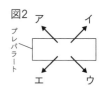

（穎明館中・東京学芸大学附属世田谷中など）

□顕微鏡で，ひらがなの「ん」を見るとどのように見えるかを，図3にかきなさい。（土佐中・桜蔭中など）

□対物レンズを，低倍率のものから高倍率のものにかえると，ピントが合ったときの対物レンズとプレパラートとの距離は【短く（狭く）】なり，視野の明るさは【暗く】なる。（大妻中など）

□顕微鏡の倍率を60倍から600倍に変えると，視野に入る部分の面積は【$\frac{1}{100}$（0.01）】倍になる。（白百合学園中など）

入試で差がつくポイント 解説→p152

□顕微鏡観察で，対物レンズをとりつける前に接眼レンズをとりつける理由を簡単に説明しなさい。（攻玉社中など）

例：鏡筒の中にほこりなどが入らないようにするため。

□顕微鏡で観察するときは，まず，低い倍率で観察する。その理由を簡単に説明しなさい。（白百合学園中など）

例：倍率が低い方が見える範囲が広く，観察するものを見つけやすいため。

動物　プランクトン

図で見る重要ポイントのチェック ✏️

〈プランクトン〉

・水中をただよっている生物をまとめて【プランクトン】という。

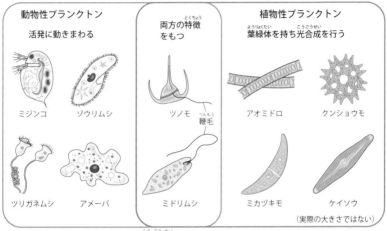

動物性プランクトン
活発に動きまわる

ミジンコ　ゾウリムシ

ツリガネムシ　アメーバ

両方の特徴をもつ

ツノモ
鞭毛（べんもう）

ミドリムシ

植物性プランクトン
葉緑体（ようりょくたい）を持ち光合成（こうごうせい）を行う

アオミドロ　クンショウモ

ミカヅキモ　ケイソウ

（実際の大きさではない）

・植物性プランクトンは，【光合成】を行うことで生きている。

・動物性プランクトンは，【植物性プランクトン】を食べることで生きている。

〈プランクトンのふえ方〉

・ミジンコは，【卵】を産んでふえる。

・ゾウリムシ，アメーバ，ミドリムシ，ミカヅキモ，ケイソウは，体が2つに分かれる【分裂】を行ってふえる。

〈ゾウリムシの体のつくり〉

・大きさは0.15〜0.2mm

・体を回転させながら，【繊毛】を使って泳ぐ。

・体に入ってくる水は，収縮胞を使って出している。

・食物は細胞口からとり入れている。

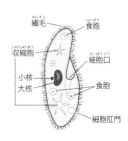

繊毛（せんもう）　食胞（しょくほう）
収縮胞（しゅうしゅくほう）
細胞口（さいぼうこう）
小核　大核
食胞
細胞肛門

プランクトンかどうかは，からだの大きさとは関係ないよ。

ゼッタイに押さえるべきポイント

次のア〜クのプランクトンについて答えなさい。

ア　　イ　　　ウ　　エ　オ　　カ　キ　　　ク

□ゾウリムシは【ア】，ミジンコは【エ】である。　　　　　（頴明館中など）

□ミドリムシと同じ特徴をもつのは，【キ】である。

□ア〜カのうち，動物性プランクトンは【ア】，【エ】，【カ】である。

（本郷中など）

□光合成をするのは，【イ】，【オ】，【ク】とウ，キである。　（攻玉社中など）

□ア，エ，クのうち，卵を産んでふえるのは【エ】であり，それ以外は【分裂】によってふえる。　　　　　　　　　　　　　　　　　（須磨学園中など）

□右図の①の生物は，体の一部をのばし「仮足」を使って移動する。②，③が移動のために使う体のつくりをそれぞれ答えなさい。
②【繊毛】　③【鞭毛】

①
仮足

②

③

（白百合学園中など）

📖 入試で差がつくポイント　解説→p152

□接眼ミクロメーターを入れた顕微鏡を使って，プランクトンを観察したところ，図の①〜⑤のプランクトンが観察された。図は，観察したプランクトンがほぼ同じ大きさになるように表したもので，（　）内は観察したときの倍率である。①〜⑤のプランクトンを大きい順に左から並べ，番号で答えなさい。

（鷗友学園女子中など）

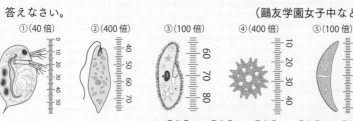

①（40倍）　②（400倍）　③（100倍）　④（400倍）　⑤（100倍）

【①】＞【⑤】＞【③】＞【②】＞【④】

要点をチェック

〈昆虫の冬越し〉

すがた	おもな種類，場所など
卵	バッタ，カマキリ，コオロギ，オビカレハ，アキアカネなど
	コオロギは【土】の中，カマキリは木の幹や【枝】に産む。
幼虫	カブトムシ，カミキリムシ，ミノガ，シオカラトンボ，オニヤンマなど
	カブトムシは【土】の中，シオカラトンボは【水】の中で越す。
さなぎ	モンシロチョウ，アゲハなど
	モンシロチョウやアゲハは木の幹や【枝】で越す。
成虫	ハチ，アリ，テントウムシ，キチョウなど
	アリやハチは【巣】の中，テントウムシは【落ち葉】の下で越す。

〈冬眠〉

- ハチュウ類（ヘビ，トカゲ，ヤモリなど）や両生類（カエル，イモリなど）は【変温】動物なので，気温が下がると体温も下がり，活動できなくなる。そこで，温度の変化が【小さ】い土の中で【冬眠】する。
- ホニュウ類の冬眠には，次の2種類がある。
- 体温が下がる…シマリス，ヤマネ，コウモリなど
- 体温があまり下がらない…クマ
- 冬眠する動物は，秋の間に食物や養分をたくわえている。

〈渡り鳥〉

- 寒さから逃れるために，季節によってすみかを変える。
- 夏鳥…南の国から【春】に渡ってきて，産卵して子育てをする。【秋】になると南の国へ渡っていく。ツバメ，カッコウ，ホトトギスなど
- 冬鳥…北の国から【秋】に渡ってきて，【春】になると北の国へ渡っていく。ハクチョウ，カモ，マナヅル，ガンなど

※年間を通して日本でくらす，スズメ，カラスなどを留鳥という。

〈冬の間も活動する動物〉

- キツネなど，冬眠をせず，すみかも変えない生き物もいる。
- ライチョウやユキウサギなど，羽や毛が【白】く生え変わるものがいる。
  →風景にまぎれて，天敵から見つかりにくくなる。

ゼッタイに押さえるべきポイント ✏️

□多くのトンボは【水】の中で,【幼虫】のすがたで冬を越す。アリは【土】の中で,【成虫】のすがたで冬を越す。　　　　　　　　（聖光学院中など）

□ツバメは,【春】に【南】の地域から日本に渡ってきて,【秋】に日本から【南】の地域へもどっていく。ガンは,【秋】に【北】の地域から日本に渡ってきて,【春】に日本から【北】の地域へもどっていく。

（暁星中・昭和学院秀英中など）

□カエルやヘビは【変温】動物で,冬になると【冬眠】する。

（学習院女子中等科など）

□ユキウサギやライチョウは,冬になると毛や羽が【白】く生え変わる。

（灘中・城北中など）

📖 入試で差がつくポイント　解説→p152

□多くの昆虫が,幼虫や成虫ではなく卵やさなぎの状態で冬を越す理由を簡単に説明しなさい。　　　　　　　　　　　　　　　　（開成中など）

> 例：冬は気温が低く（乾燥しているため）,昆虫が生き残るには厳しい環境であるとともに,えさとなる動植物も少なくなるから。

□標高の高いところは日によって気温や天気の変化が激しいので,気温の変化を感じ取って冬眠に入るのが難しい。そのような地域に住むリスは,次のア〜エのうち,何を手がかりにして冬眠に入ると考えられるか。1つ選びなさい。　　　　　　　　　　　　　　　　　　　　（灘中など）

ア　晴れ・雨の割合　　イ　昼・夜の長さ
ウ　星座の動き　　エ　月の満ち欠け　　　　　　　　【イ】

いろいろな冬の過ごし方があるんだね！

図で見る重要ポイントのチェック ✏

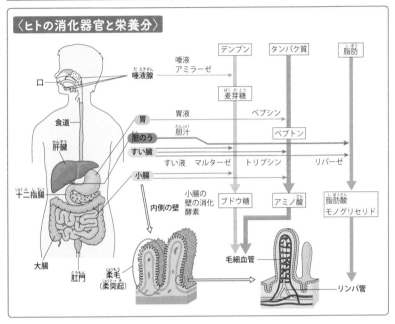

〈ヒトの消化器官と栄養分〉

- 口からとり入れた食物が小さな物質に分解されることを【消化】といい,【消化】された物質を体にとり入れるはたらきを【吸収】という。
- 口から肛門まで1本につながった管を【消化管】という。
- 唾液や胃液などを【消化液】といい,食物などを小さな物質に分解するはたらきのあるアミラーゼやペプシンなどの【消化酵素】がふくまれている。
- 【消化酵素】は,決まった物質にだけはたらき,何度でもはたらくことができる【触媒】である。
- 胆汁は【肝臓】でつくられ,【胆のう】にたくわえられる。すい液とともに【十二指腸】で消化管へ分泌される。
- 脂肪酸とモノグリセリドは,リンパ管に吸収されるとき,【脂肪】にもどる。
- 小腸で吸収されたブドウ糖は【(肝)門脈】を通って【肝臓】へ運ばれ,一部は【グリコーゲン】に変えられてたくわえられる。
- リンパ管は集合してしだいに太くなり,鎖骨下で静脈に合流する。

ゼッタイに押さえるべきポイント ✎

□図1について，文中の（　ア　）～（　カ　）に適
する語を答えなさい。　　　　　（ラ・サール中など）
食物にふくまれる炭水化物，（　ア　），脂肪を三大
栄養素といい，それらを消化するために，（　イ　）
腺から（　イ　），（　ウ　）から（　ウ　）液，
（　エ　）臓から胆汁，（　オ　）臓から（　オ　）液，
（　カ　）腸から腸液が分泌される。

ア【タンパク質】　　イ【唾液】　　ウ【胃】
エ【肝】　　オ【すい】　　カ【小】

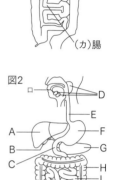

図1　(イ)腺　(ウ)　(エ)臓　(オ)臓　(カ)腸

□図2でDから出る消化液にふくまれる消化酵素は
【アミラーゼ】，Fから出る消化液にふくまれる消化
酵素は【ペプシン】である。

□図2で食物の養分を吸収するのは【 I 】である。

□図2でCに出され，消化酵素はふくまないが脂肪の
分解を助ける消化液を【胆汁】といい，【B】にた
くわえられている。

□図2で炭水化物を消化する消化液は【D】，【G】，【 I 】から出る。

（本郷中など）

📖✐ 入試で差がつくポイント　解説→p152

□小腸の内壁にはひだがあり，ひだには柔毛とよばれる小さな突起が無数に
ついている。このようなひだや柔毛があることで，養分が小腸で吸収され
やすくなる理由を，簡単に説明しなさい。

（開智中・田園調布学園中等部など）

> 例：表面積が大きくなり，多くの養分と触れることができるから。

□タンパク質は消化されないと体内に吸収されない。タンパク質のままだと
吸収されない理由を，簡単に説明しなさい。　　　　　（開智中など）

> 例：粒が大きく，小腸の壁を通りぬけられないから。

図で見る重要ポイントのチェック ✏️

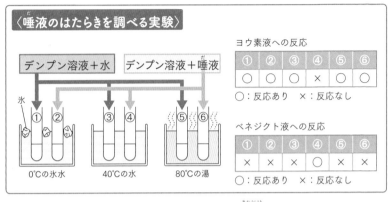

〈唾液のはたらきを調べる実験〉

デンプン溶液＋水　　デンプン溶液＋唾液

氷

① ②　　③ ④　　⑤ ⑥

0℃の氷水　　40℃の水　　80℃の湯

ヨウ素液への反応

①	②	③	④	⑤	⑥
○	○	○	×	○	○

○：反応あり　×：反応なし

ベネジクト液への反応

①	②	③	④	⑤	⑥
×	×	×	○	×	×

○：反応あり　×：反応なし

- ヨウ素液は、【デンプン】があると反応して【青紫】色になる。

- ベネジクト液は、加熱したときに麦芽糖や【ブドウ糖】などの糖があると反応して【赤褐】色の沈殿ができる。

- デンプンがなくなっていたのは試験管【④】で、試験管③と比べることで、デンプンを分解するには【唾液】が必要なことがわかる。

- 試験管【④】とベネジクト液との反応から、デンプンは【糖（麦芽糖）】に分解されたことがわかる。

- デンプンを分解したのは、唾液にふくまれる【アミラーゼ】という消化酵素で、試験管【②】、④、【⑥】を比べることで、消化酵素は【（ヒトの）体温】くらいの温度ではたらくことがわかる。

- 氷水（湯）に入れた後の試験管②、⑥を40℃の水にしばらく入れた後、ヨウ素液とベネジクト液の反応を調べると、試験管⑥はヨウ素液に反応したが、試験管②は反応しなかった。このことから、消化酵素は【熱】でこわれてしまうことがわかる。ベネジクト液には試験管【②】だけが反応する。

〈消化と粒の大きさ〉

- 右の図で、デンプンは粒が【大きく】セロハンを通れないので、ビーカーAの水にヨウ素液を加えると反応【しない】。一方、ブドウ糖は粒が【小さく】セロハンを通れるので、ビーカーBの水にベネジクト液を加えて加熱すると反応【する】。

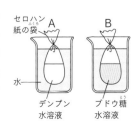

セロハン紙の袋　A　B

水

デンプン水溶液　ブドウ糖水溶液

ゼッタイに押さえるべきポイント

試験管A〜Fを，図のように30分間置き，一部をとり出してヨウ素液を加えると，Cだけが反応しなかった。次に，試験管A，B，E，Fを40℃の湯に入れ30分間置き，一部をとり出してヨウ素液を加えると，Aだけが反応しなかった。

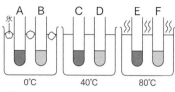

■：デンプン溶液＋唾液
■：デンプン溶液＋水

□ヨウ素液は【デンプン】に反応して青紫色になる。　　（岡山白陵中など）

□40℃にしているのは【ヒト】の【体温】に近い条件にするためである。
　　　　　　　　　　　　　　　　　　　　　　　（大阪教育大学附属池田中など）

□最初の操作のあと，ベネジクト液を加えて【加熱】すると反応し，【赤褐】色の沈殿ができる試験管は【C】で，【糖（麦芽糖）】が生じていることがわかる。

□唾液にふくまれる消化酵素は【アミラーゼ】である。　　（山手学院中など）

□最初の操作と次の操作について，AとEの結果からわかることは，【イ】と【ウ】である。

　ア　消化酵素は0℃でこわれて，40℃にもどすと消化酵素は直る。

　イ　消化酵素は80℃でこわれて，40℃にもどしてもこわれたままである。

　ウ　消化酵素は0℃でもこわれないが，0℃だとはたらかない。

　エ　消化酵素は80℃でもこわれないが，80℃だとはたらかない。

　　　　　　　　　　　　　　　　　（山手学院中・江戸川学園取手中など）

入試で差がつくポイント　解説→p152

□お米をよくかんでいると，甘味が出てくる理由を，簡単に説明しなさい。

　例：唾液にふくまれる消化酵素（アミラーゼ）のはたらきで，デンプンが糖（麦芽糖）に分解されるから。

図で見る重要ポイントのチェック

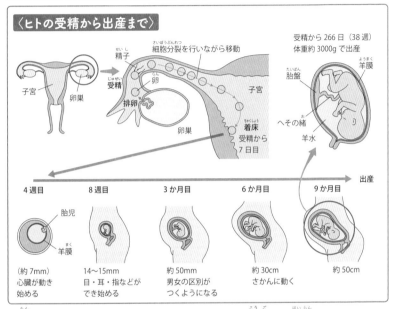

〈ヒトの受精から出産まで〉

- 卵の直径は約【0.14】mmで，左右の卵巣から交互に【排卵】される。
- 卵は，輸卵管で精子と出会い【受精】し，細胞分裂を行いながら輸卵管を移動し，約【7】日後，子宮の内壁に【着床】する。
- 着床すると，母体と胎児のそれぞれの毛細血管が集まった【胎盤】がつくられ，胎児と【へその緒】でつながる。
- 母親の毛細血管の血液から，【酸素】や栄養分が胎盤へ渡される。これが，胎児の毛細血管の血液へとり込まれ，へその緒を通って胎児へ届けられる。また，【二酸化炭素】や不要物は，胎児の血液中から胎盤に渡され，母親の血液に溶け込む（母体と胎児の間で，血液が直接まざることはない）。
- 胎児を衝撃から守っているのは【羊水】である。
- （一般に）受精してから約【38】週目に，【頭】から先に産まれてくる。
- 胎児は産まれると産声をあげ，肺に空気を吸い込んで肺呼吸を始める。

ゼッタイに押さえるべきポイント ✎

□一般に，ヒトの子は，受精からおよそ【38】週で誕生する。

（お茶の水女子大学附属中・青山学院中等部など）

図1は，子宮の中の胎児のようすを表したものである。

図1

□①は【胎盤】，②は【へその緒】，③を満たす液体は【羊水】である。　　　　　　　（湘南白百合学園中など）

□次のア〜ウのうち，誤っているものは【ウ】である。

ア　胎児は図1の①から養分を取り入れ，不要なものを送り出している。

イ　図1の②は，胎児への養分や不要なものが通っている。

ウ　図1の②は，母親の血液が通っている。

□次のア〜エのうち，図1の③のはたらきは【ア】である。（サレジオ学院中）

ア　胎児を外部の衝撃から守る。

イ　胎児が出した不要物を分解する。

ウ　酸素を多くふくみ，胎児はここの酸素を皮膚から吸収する。

エ　養分を多くふくみ，胎児はここの養分を皮膚から吸収する。

□図2は，ヒトの女性の生殖器を表したものである。図2のア〜エのうち，卵がつくられるのは【ア】，受精が起こるのは【ウ】，胎児が成長するのは【イ】である。

（鷗友学園女子中など）

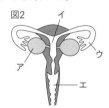

図2

□次のA〜Dを，胎児が成長する順に並べると，【C】→【D】→【A】→【B】となる。

A　男女の区別ができる。　　B　肺で呼吸を始める。

C　心臓ができる。　　　　　D　目，耳ができる。

📖 入試で差がつくポイント　解説→p153

□胎児は母親の体内にいる間，自分の肺で呼吸することはできない。胎児の赤血球と母親の赤血球を比べたとき，酸素を得るための性質の違いを，簡単に説明しなさい。　　　　　　　　　　　　　（桐光学園中など）

例：胎児の赤血球の方が，母親の赤血球よりも酸素と結びつきやすい。

人体 心臓のつくりとはたらき

図で見る重要ポイントのチェック ✏

〈ヒトの心臓のつくり〉

- ヒトの心臓は4つの部屋に分かれており，各部からもどってくる血液が入る【心房】と，血液を送り出す【心室】からできている。

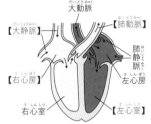

- 【左心室】から【大動】脈へ送り出された血液が全身をめぐり，【大静】脈に集まって【右心房】へもどるまでの循環を【体】循環という。
- 【右心室】から【肺動】脈へ送り出された血液が肺で酸素をとり入れ，二酸化炭素を放出して【肺静】脈を通って【左心房】へもどるまでの循環を【肺】循環という。

〈心臓のはたらき〉

- 心臓は，心房と心室が交互に【収縮】することで，血液を循環させるポンプのはたらきをしている。
- 心臓が収縮することを【拍動】といい，大人で毎分60〜70回である。

〈血液のはたらき〉

- 赤血球，白血球，血小板は【固体】成分，血しょうは【液体】成分である。
- 赤血球にふくまれている【ヘモグロビン】が，酸素を運んでいる。
- 二酸化炭素，栄養分，不要物は【血しょう】に溶けて運ばれる。
- 【白血球】は細菌などの異物を攻撃し，【血小板】は出血を止める。
- 酸素を多くふくむ血液を【動脈血】といい，鮮やかな赤色をしている。
- ふくまれる酸素が少なく二酸化炭素が多い血液を【静脈血】といい，暗い赤色をしている。

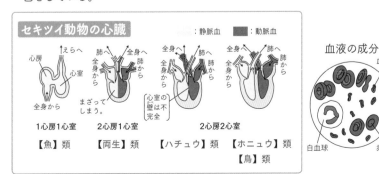

セキツイ動物の心臓　　：静脈血　■：動脈血

1心房1心室	2心房1心室	2心房2心室	
【魚】類	【両生】類	【ハチュウ】類	【ホニュウ】類 【鳥】類

血液の成分

ゼッタイに押さえるべきポイント ✏

図1は，ヒトの心臓の断面の模式図である。

□全身へ送られる血液の通る血管は【③】である。

□全身からもどった血液は，【A】に入る。

□A～Dのうち，酸素を多くふくむ血液が流れる
のは【B】と【D】である。（共立女子中など）

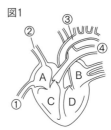

図1

□図1のAとCは【交互】に縮む。　（雙葉中など）

□図2は，ヒトではないセキツイ動物の心臓の模式図である。
この心臓には【静】脈血だけが流れる。（広尾学園中など）

□図2のような心臓をもつ動物は次のア～エのうち【ア】で
ある。

ア　フナ　　イ　ニワトリ　　ウ　イヌ　　エ　ヤモリ

□右のア～ウのうち，白血球は【イ】である。
　　　　　　　　　　　　　　　　（栄東中など）

図2

図3は，生きたメダカの尾びれを顕微鏡で観
察したようすである。（サレジオ学院中など）

□赤い色素をふくむ粒は【赤血球】である。

□赤い色素は【ヘモグロビン】で，【酸素】
と結びつく性質がある。

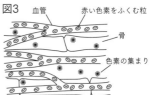

図3

📖 入試で差がつくポイント　解説→p153

□白血球の特徴を，「形」「細菌」という用語を用いて，簡単に説明しなさい。
　　　　　　　　　　　　　　　　　　　　　　　　　　　　（栄東中など）

　例：形を変えることで，細菌などを包み込んで排除する（食べて殺す）。

□ヒトの血液量を4.8Lとする。1回の拍動で心臓が送り出す血液を80mL，
1分間の拍動を70回とするとき，安静時に血液が体を一周するのにかか
る時間を求めなさい。なお，答えは小数第一位を四捨五入して整数で求め
なさい。【51】秒
　　　　　　　　　　　　　　　　　　　　（白陵中・鎌倉女学院中など）

テーマ33 人体 血液の循環

図で見る重要ポイントのチェック

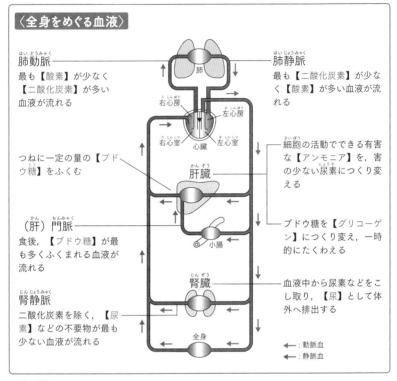

〈全身をめぐる血液〉

肺動脈
最も【酸素】が少なく
【二酸化炭素】が多い
血液が流れる

肺静脈
最も【二酸化炭素】が少な
く【酸素】が多い血液が流
れる

右心房
左心房
右心室　心臓　左心室

つねに一定の量の【ブド
ウ糖】をふくむ

肝臓

細胞の活動でできる有害
な【アンモニア】を、害
の少ない尿素につくり変
える

（肝）門脈
食後、【ブドウ糖】が最
も多くふくまれる血液が
流れる

小腸

ブドウ糖を【グリコーゲ
ン】につくり変え、一時
的にたくわえる

腎臓

腎静脈
二酸化炭素を除く、【尿
素】などの不要物が最も
少ない血液が流れる

血液中から尿素などをこ
し取り、【尿】として体
外へ排出する

全身

← : 動脈血
← : 静脈血

- 大動脈は枝分かれをくり返しながらしだいに細くなり、組織では太さが0.01mm程度の【毛細血管】になる。ここで液体成分の血しょうが組織の細胞間にしみ出して【組織液】となる。酸素や栄養分、不要物などは、血しょうや【組織液】に溶けることで、血液と細胞の間でやりとりされている。
- 心臓から送り出す血液が流れる血管を【動脈】という。【肺】動脈には静脈血が流れている。
- 血管の壁は、大きな圧力が加わる【動脈】が【静脈】よりも厚い。
- 【静脈】の壁には逆流を防ぐための弁がある。

ゼッタイに押さえるべきポイント

□心臓から出ていく血液が流れる血管が【動脈】，心臓へもどる血液が流れる血管が【静脈】である。　（攻玉社中など）

□心臓や静脈には，血液が逆向きに流れないようにするための【弁】がある。
（ラ・サール中など）

図1は，ヒトの血液の循環経路を表している。

□器官①は【肺】，器官②は【肝臓】，器官③は【小腸】，器官④は【腎臓】である。
（中央大学附属中など）

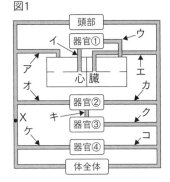

図1

□尿素などの不要物が最も少ない血液が流れる血管は【ケ】である。
（城北中など）

□食後に栄養分が最も多い血液が流れる血管は【キ】である。　（高槻中など）

□空腹のとき，栄養分が最も多い血液が流れる血管は【オ】である。 できたらスゴイ！
（湘南白百合学園中・東京都市大学等々力中など）

□酸素を最も多くふくむ血液が流れる血管は【ウ】で，【肺静脈】という。
（香蘭女学校中等科など）

□二酸化炭素を最も多くふくむ血液が流れる動脈は【イ】である。

□イの血管を【肺動脈】，エの血管を【大動脈】という。　（暁星中など）

入試で差がつくポイント　解説→p153

□図1で，器官②と③をつなぐ血管キが，器官③とX点をつないでいるとすると，全身をめぐる血液にふくまれる糖の量は，どのようになると考えられるか。簡単に説明しなさい。　（栄東中など）

例：食後，一定に保つことができなくなる。

□心臓がいくつかの部屋に分かれている利点を簡単に説明しなさい。
（暁星中など）

例：動脈血と静脈血が混ざらない。

テーマ34 人体 呼吸

図で見る重要ポイントのチェック

〈ヒトの肺のつくり〉

- 口や鼻から吸い込んだ空気は,【気管】を通って肺へ入る。気管は肺で【気管支】に分かれる。
- 気管支の先端には,【肺胞】という小さな袋が無数にあり,【毛細血管】が網の目状

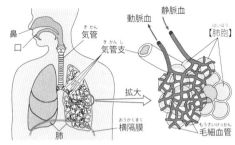

にはりついている。この血管で,血液に【酸素】がとり入れられ,血液から【二酸化炭素】が放出される。

〈肺への空気の出入り(肺の模型)〉

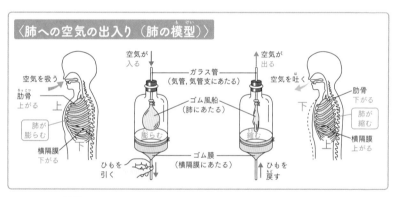

- 肺には【筋肉】がないため,自ら動くことができない。
- 空気を吸うときは,肋骨が【上がって】,横隔膜が【下がる】ことで肺が膨らむ。
- 空気を吐くときは,肋骨が【下がって】,横隔膜が【上がる】ことで肺が縮む。

> 横隔膜がけいれんする(意識と関係なく急に縮む)と,しゃっくりが出るよ。

ゼッタイに押さえるべきポイント ✎

図1は，肺のつくりを詳しく表したものである。

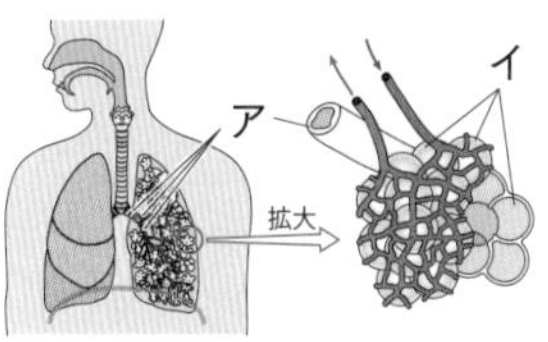

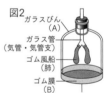

□アを【気管支】，イを【肺胞】という。

（広尾学園中・頌栄女子学院中など）

□イは，【表面積】を大きくすることで，酸素を
とり込むために役立っている。

（浅野中・西大和学園中など）

□吸う息と吐く息にふくまれる気体の成分に最も近いのは，次の表のア～エ
のうち，【ア】である。ただし，水蒸気は考えないものとする。

（慶應義塾中等部など）

	吸う息	吐く息
ア	窒素80% 酸素20%	窒素80% 酸素16% 二酸化炭素4%
イ	酸素100%	二酸化炭素100%
ウ	窒素80% 酸素20%	窒素80% 二酸化炭素20%
エ	酸素100%	酸素80% 二酸化炭素20%

□息を吸うとき肋骨は【上】がる。 （ラ・サール中など）

□図2で，Aはヒトの体の【肋骨】，Bは【横隔膜】に
あたる。Bを【下】げると，内部の圧力が【下】が
るので，肺にあたるゴム風船が【膨らむ】。これは，
息を【吸う】ときのようすを表している。

（海城中など）

図2
ガラスびん（A）
ガラス管（気管・気管支）
ゴム風船（肺）
ゴム膜（B）

□【しゃっくり】は横隔膜がけいれんすることでおこる。 （聖光学院中など）

📖 入試で差がつくポイント 解説→p153

□1分間の呼吸で出入りする空気の体積を5Lとしたとき，体内にとり入れる
酸素・体外に放出する二酸化炭素の体
積はそれぞれ何mLか。ただし，吸う息・
吐く息にふくまれる気体の割合は，右
の表の値を使うこと。

	酸素	二酸化炭素
吸う息	20.94%	0.04%
吐く息	16.30%	4.68%

（吉祥女子中など）

酸素【232】mL 二酸化炭素【232】mL

テーマ35 人体 骨・筋肉・感覚器

図で見る重要ポイントのチェック ✏️

〈ヒトの骨格と筋肉・骨のはたらき〉

- 頭骨は【脳】，肋骨は【心臓】や【肺】を守り，骨盤は【小腸】，大腸，腎臓などを支えている。
- 骨の内部にある【骨髄】では，赤血球，白血球，血小板がつくられる。
- 骨と骨がつながる部分のうち，よく動く部分を【関節】という。関節は靭帯という膜で包まれている。関節をつくる骨の先端には軟骨がある。
- 関節は筋肉のはたらきで動く。筋肉と骨は【けん】でつながっている。
- 筋肉には，骨格につく筋肉のように自分の意思で動かせ【る】もの（横紋筋）と，胃や腸のように自分の意思で動かせ【ない】もの（平滑筋）がある。ただし，心臓の筋肉は横紋筋だが，自分の意思で動かせ【ない】。

頭骨
鎖骨
胸骨
肋骨
背骨
骨盤
大腿骨

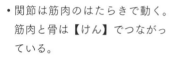

曲げるとき　　　のばすとき

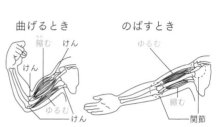

〈ヒトの感覚器（目・耳）のつくり〉

- ひとみの大きさは【虹彩】が伸び縮みすることで変わり，目に入る【光】の量を調節する。明るい場所では，ひとみが【小さく】なる。
- 目に入った光はレンズで【屈折】し，【網膜】上に像を結ぶ。レンズの【厚さ】は毛様体の筋肉で調節されている。遠いものを見るときは，毛様体の筋肉が【ゆるみ】レンズが【うすく】なる。
- 網膜上の像の情報は【視神経】で脳へ伝えられる。
- 空気中を伝わってきた振動は【鼓膜】が受けとり，【耳小骨】へ伝えられて増幅される。
- 増幅された振動はうずまき管の中にあるリンパ液をゆらし，そのゆれが【聴神経】で脳へ伝えられ，音として認識される。

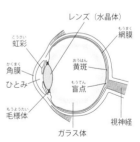

レンズ（水晶体）
網膜
虹彩
角膜
黄斑
ひとみ
盲点
毛様体
視神経
ガラス体

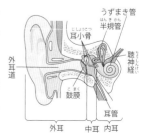

うずまき管
半規管
耳小骨
聴神経
外耳道
鼓膜
耳管
外耳　中耳 内耳

ゼッタイに押さえるべきポイント ✎

☐ヒトの骨には，からだを【支える】，からだを動かす，からだの内部を【保護する】という3つのはたらきがある。 （神奈川大学附属中など）

☐体の中で，曲げたりのばしたりできる骨と骨のつなぎ目の部分を【関節】という。 （東京学芸大学附属世田谷中など）

☐筋肉と骨は【けん】という組織でつながっている。 （学習院中等科など）

☐骨の内部にある【骨髄】では赤血球や白血球，血小板がつくられる。

（鎌倉女学院中など）

図1は，腕をのばしたときの骨と筋肉のようすを表したものである。

図1

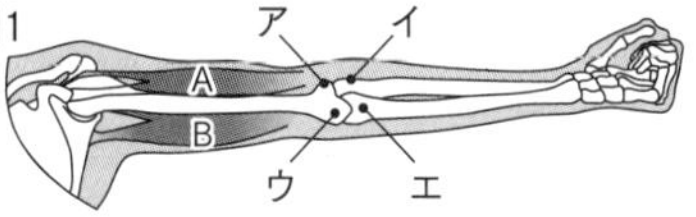

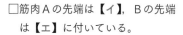

☐筋肉Aの先端は【イ】，Bの先端は【エ】に付いている。 （慶應義塾湘南藤沢中等部など）

☐図1のとき，筋肉【A】がゆるみ，筋肉【B】が縮んでいる。力がはたらいているのは，筋肉【B】である。 （立教池袋中など）

☐図2はヒトの目の断面であり，Aを【ひとみ】，Bを【レンズ（水晶体）】，Cを【盲点】という。まわりが暗くなると，Aの部分は【大きく（広く）】なる。 （サレジオ学院中など）

図2

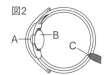

☐耳では，音以外に体の【かたむき】や【回転】の刺激を，図3の【ウ】で受け取っている。

図3

できたらスゴイ! （海城中など）

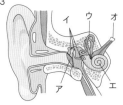

📖 入試で差がつくポイント 解説➡p153

☐図1で，手首とひじの間の部分（前腕部）には骨が2本ある。この2本の骨と，その間についている筋肉があることでできる手の動きは何か。簡単に説明しなさい。 （海城中など）

例：（ひじから上を動かさずに）手のひらを回転させる動き。
　（回内・回外運動）

テーマ36 環境 食物連鎖

図で見る重要ポイントのチェック ✏️

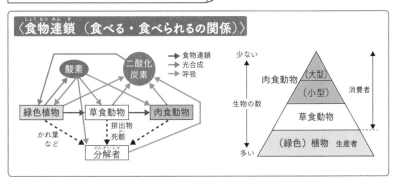

〈食物連鎖（食べる・食べられるの関係）〉

- 生物どうしの食べる・食べられるの関係を【食物連鎖】といい，食べる方を捕食者，食べられる方を被食者という。実際の食べる・食べられるの関係は，網の目のようになっており，食物網ということもある。

- 食物連鎖は【（緑色）植物】で始まる。【光合成】によって栄養分をつくり出すので【生産】者とよばれる。光合成と呼吸を両方行う。

- 動物には，植物（生産者）を食べる【草食動物】，他の動物を食べる【肉食動物】がある。どちらも【呼吸】だけを行い，【消費】者とよばれる。

- かれた植物，動物の排出物や死骸は，土の中にすむ生物による食物連鎖を経て，最終的に，菌類や細菌類の呼吸によって，二酸化炭素や窒素などに分解される。この流れにかかわる生物をまとめて【分解者】という。

〈生物どうしのつり合い〉

- 植物，草食動物，肉食動物の数は，互いに影響しあってつり合いを保つ。
- 環境が大きく変わらなければ，一時的に数が変わっても，もとにもどる。
- 本来はその地域にいない生物で，人間の活動によって持ち込まれたものを【外来種（外来生物）】という。

ゼッタイに押さえるべきポイント

図1は，生物どうしの食べる・食べられるというつながりを表したものである。

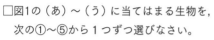

図1

□生物どうしの食べる・食べられるという1本のつながりを【食物連鎖】という。
（広島大学附属福山中など）

□図1の（あ）～（う）に当てはまる生物を，次の①～⑤から1つずつ選びなさい。

（あ）【③】　　（い）【②】　　（う）【⑤】

① ウサギ　② カエル　③ クモ　④ クワガタ　⑤ フクロウ

図2の⇒は食べる・食べられるの関係，……▶は気体などの移動を表したものである。

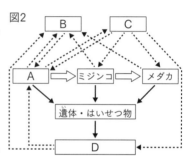

図2

□ A に入る生物として適当なものをすべて選びなさい。【イ・エ】

ア ゾウリムシ　　イ ミカヅキモ
ウ ワムシ　　　　エ ケイソウ
（早稲田大学高等学院中学部など）

□ A に入る生物を生産者とよぶとき， D に入る生物の集団を【分解者】とよぶ。

□ B に入る気体は【二酸化炭素】， C に入る気体は【酸素】である。
（白百合学園中など）

入試で差がつくポイント　解説→p153

□図3は，植物，草食動物，肉食動物のおよその数の関係を表している。人間が狩りをしたので，肉食

図3

動物が急に減った。植物，草食動物の数がどうなるかを，「まず～，その後～」のように，簡単に説明しなさい。（東京学芸大学附属世田谷中など）

例：まず草食動物が増え，その後植物が減る。

要点をチェック

〈地球温暖化〉

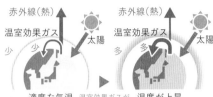

赤外線（熱）　　　　　赤外線（熱）

温室効果ガス　太陽　　温室効果ガス　太陽
少　　少　　　　　　　多　多

適度な気温　温室効果ガスが　温度が上昇
　　　　　　増加すると

- 太陽光によってあたためられた地面は宇宙空間へ赤外線（熱）を放射する。一部の気体はその放射熱を【吸収】して，熱が出ていくのを防ぐ。これを【温室】効果といい，このはたらきをもつ気体を，【温室効果ガス】という。
- 温室効果ガスには，【二酸化炭素】，メタン，フロンなどがある。
- 地球の平均気温が【上】がることを地球【温暖化】という。人間の活動により，大気中の温室効果ガスが増えたことが原因といわれている。

〈二酸化炭素が増加する原因〉

- 化石燃料（【石油】，【石炭】，天然ガス）は，燃やすと二酸化炭素を出す。燃料としての使用，工業の発達，プラスチックの利用などにより，使用量が増えている。

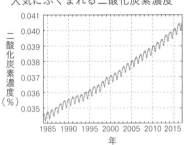

大気にふくまれる二酸化炭素濃度

二酸化炭素濃度（％）

1985 1990 1995 2000 2005 2010 2015
年

- 森林は【光合成】によって二酸化炭素を吸収する。つまり，森林が減少すると，二酸化炭素の吸収量も減る。
- 森林の二酸化炭素吸収量は季節によって変わり，【夏】に大きくなる。

〈地球温暖化によって起こること・地球温暖化を防ぐ取り組み〉

- 北極の氷が【とけ】たり，【砂漠】が増えたりして，動物のすみかが減る。
- 南極の氷がとけたり，水が熱膨張したりして，海水面が【上】がる。
- 細菌やウイルスが繁殖しやすくなり，伝染病が【増え】る。
- 太陽光や【風力】，【地熱】など，自然界に常に存在し，無くなることのないエネルギーを【再生可能】エネルギーという。

北極の氷は海に浮いていて，南極の氷は大陸の上に乗っているよ。

ゼッタイに押さえるべきポイント ✏

□二酸化炭素などの気体には，地球から出る【熱（赤外線）】のエネルギーを通しにくい性質がある。この性質によって，地球の温度が下がりにくくなる効果を【温室効果】という。このような性質をもつ気体は，二酸化炭素のほかに水蒸気やフロン，【メタン】がある。（淑徳与野中・攻玉社中など）

□地球温暖化が直接の原因となって起こる現象を，すべて選びなさい。

（淑徳与野中など）

　　ア　海面の上昇　イ　伝染病の発生率の増加　ウ　オゾン層の破壊

　　エ　化石燃料の減少　オ　放射性物質の増加　カ　皮膚がんなどの増加

【ア，イ】

□地球温暖化がおもな原因で数を減らしている動物は，次のア～ウのうち【ア】である。

　　ア　ホッキョクグマ　　イ　ヤンバルクイナ　　ウ　アフリカゾウ

（お茶の水女子大学附属中など）

□次のア～エのうち，温暖化が進んだときに起こりうる現象として誤っているものは【ウ】である。（聖光学院中など）

　　ア　青森県でリンゴが育たなくなる　　イ　日本の降水量が増える

　　ウ　北極の氷がとけて海水面が上がる　　エ　世界中で砂漠が増える

□次のア～エのうち，再生可能エネルギーを用いた発電方法ではないものは【イ】である。（神戸女学院中・立教池袋中など）

　　ア　水力発電　　イ　原子力発電　　ウ　風力発電　　エ　地熱発電

📖✏ 入試で差がつくポイント　解説→p153

□右の表は，気温と，ある動物の受精卵から生まれてくるメス

気温（℃）	16	17	18	19	20
生まれてくるメスの割合(%)	90	59	41	19	2

の割合の関係を表している。温暖化が進行した場合，この動物にどのような影響が現れると考えられるか。簡単に説明しなさい。（暁星中など）

　例：生まれてくるメスの割合が減っていく（ので，この動物の数もだんだん減っていく）。

要点をチェック

〈酸性雨〉

- 自動車の【排気ガス】や工場の【煙】(煤煙)にふくまれる【窒素】酸化物や【硫黄】酸化物が溶けることで,強い酸性になった雨を【酸性雨】という。

- 酸性雨によって,森林がかれる,湖沼で魚が減る,石でできた建物や彫刻が溶けるなどの被害が出る。

- ふつうの雨は,空気中の【二酸化炭素】が溶けているので弱い酸性になる。

- 工場の煙などには,**光化学スモッグ**の原因となる物質もふくまれている。

〈オゾン層の破壊〉

- 地球の上空には**オゾン層**(オゾンという気体の層)があり,太陽光にふくまれる有害な**紫外線**を吸収している。

- エアコンや冷蔵庫に使われていた【フロン】ガスは,オゾンを分解する性質がある。これによって,北極や南極の上空にオゾンがうすい部分(**オゾンホール**)ができる。現在,フロン類のガスは使用が制限されている。

- オゾン層がうすくなると,地表に届く【紫外線】の量が増えて,**皮膚ガン**が増加するなどの影響があると考えられている。

〈その他の環境問題〉

- 海に流されたプラスチックのかけらやポリ袋などを,海の生物が飲み込んでしまう場合がある。特に,直径5mm以下になったものは【マイクロ】プラスチックとよばれ,食物連鎖を通じたヒトへの悪影響も心配されている。

- 生物の体内で**分解されにくい物質**が海などに放出された場合,それが低濃度であっても,食物連鎖を通じて,生物の体内にたまっていく。これを生物【濃縮】という。

- 工場排水,汚水,農薬などが海に流れ込むと,海水が汚染される。これによって,プランクトンが異常に発生する【赤潮】や,水中の酸素が減る【青潮】などの現象が起こる。

- 温暖化とは別に,都市部では【ヒートアイランド】現象によって気温が上昇しており,熱中症の増加やゲリラ豪雨の発生などの影響がある。

ゼッタイに押さえるべきポイント ✎

□化石燃料を燃焼させると生成する，窒素や硫黄の酸化物が溶けた雨を【酸性雨】という。　　　　　　（中央大学附属中・昭和学院秀英中など）

□酸性雨による影響として考えられるものを，すべて選びなさい。【イ，ウ】
　ア　皮膚ガンが発生しやすくなる。　　イ　森林の樹木がかれる。
　ウ　水中の動植物が減る。　　　　　　エ　オゾン層を破壊する。

□酸性雨の原因となる物質が溶けていなくても，雨は弱い酸性を示す。これは，雨に空気中の【二酸化炭素】が溶けているためである。

（奈良学園中など）

□人間の活動によって森林が破壊されることが世界では問題になっている。森林破壊が引き起こす問題として当てはまるものを，すべて選びなさい。

（湘南白百合学園中など）

　ア　生物濃縮　　イ　地球温暖化　　ウ　オゾン層の破壊　　エ　酸性雨
　オ　赤潮　　カ　動植物の絶滅　　キ　砂漠化　　　　　　　【イ，カ，キ】

□地球の上空には，生物に有害な紫外線を吸収する【オゾン】層がある。今日では使用が制限されているが，かつてエアコンなどに使われていた【フロン】ガスは【オゾン】層を破壊する。紫外線は【皮膚】ガンの原因になったり，植物の成長をさまたげたりする。　　　　　　（白百合学園中など）

□プラスチックごみのうち，直径が5mm以下の【マイクロプラスチック】は，生物の体内に蓄積される。　　　　　　（淳心学院中など）

□次のうち，ヒートアイランド現象の原因といえないものは【エ】である。
　ア　アスファルトでおおわれた道路　　イ　自動車やエアコンの使用
　ウ　密集したコンクリート製のビル　　エ　ビルの屋上の緑化

（東邦大学付属東邦中など）

📖 入試で差がつくポイント　解説→p153

□生物の体内で分解されない物質Aがある。この物質Aの濃度を調べたところ，海水中では0.00005ppm（1ppmは1％の1万分の1），ヒラメの体内では1.3ppmであった。ヒラメの体内の物質Aの濃度は，海水の何倍になっているか。　　　　　　（雙葉中など）

【26000】倍

図で見る重要ポイントのチェック ✎

〈地層のでき方〉

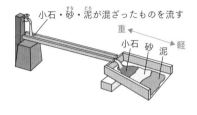

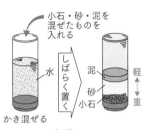

- 川（流水）によって土砂が運搬され，運搬作用が小さくなると堆積する。
- 重い小石（れき）から沈んでいくので，小石（れき），砂，泥の順になる。
- 堆積が何度も起こると，上に積もったものの重さでしだいに押し固められていく。

- 【重い】ものから順に堆積していく。【軽い】ものほど沈むまでの時間が長いので，遠くまで運ばれて堆積する。
- 1つの層の中では，上から【泥（粘土）】，【砂】，【小石（れき）】の順に堆積する。

〈河口付近の堆積物〉

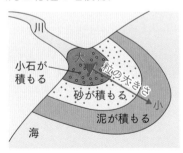

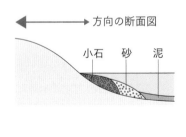

方向の断面図

- 河口から離れるほど，堆積物の粒の大きさが【小さく】なっていく。

粒が大きい順に，小石（れき），砂，泥（粘土）だね。

ゼッタイに押さえるべきポイント

□図1のような装置をつくり，小石と砂，泥を混ぜたものを水で流した。泥は，a～cの【c】に多く積もった。

（江戸川学園取手中など）

図1

小石・砂・泥を流す

□図2のように，小石，砂，泥が混じり合った土を透明な容器に入れ，棒でよくかき混ぜる。しばらくそのまま待ち，どのような層ができたかを確認する。次の表のア～カのうち容器の中にできた層として正しいものは【カ】である。

（田園調布学園中等部・早稲田中など）

図2

小石，砂，泥

透明な容器

水

	ア	イ	ウ	エ	オ	カ
上の層	小石	小石	砂	砂	泥	泥
真ん中の層	砂	泥	小石	泥	小石	砂
下の層	泥	砂	泥	小石	砂	小石

□次のア～オは，川の高さと山頂からの距離との関係を表した図である。ア～オのうち，堆積作用が強くなる地点（A地点）が正しく表されているものは【エ】である。
（青山学院中等部など）

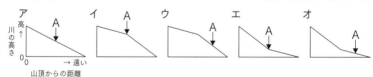

ア　　　　　イ　　　　　ウ　　　　　エ　　　　　オ

川の高さ　高い↑　0

→ 遠い

山頂からの距離

入試で差がつくポイント　解説→p153

□河口から川が海に流れ込む付近では，図3のように泥，小石，砂が層になって堆積する。図のような順番で堆積する理由を，簡単に説明しなさい。　（智辯学園和歌山中）

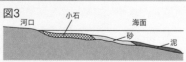

図3

河口　小石　海面

砂

泥

例：重いものほど早く沈むから（重いものから順に沈むから）。

要点をチェック

〈隆起と沈降〉

- 海面に対して土地が上がることを【隆起】, 下がることを【沈降】という。 隆起すると海水面は【下】がり, 沈降すると海水面は【上】がる。

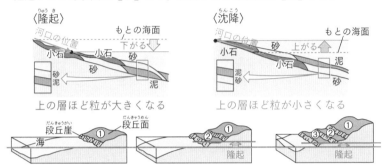

- 土地が隆起してできる地形には, 海岸にできる【海岸段丘】, 川に沿ってできる【河岸段丘】がある。また, 土地が沈降してできる地形には, 海岸線が入り組む【リアス海岸】や, 高かった所が島になる多島海がある。

〈断層と褶曲〉

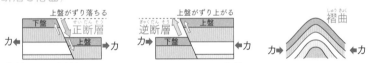

- 地震など, 瞬間的に大きな力がはたらくと, 地層の弱いところが切断されるようにずれる【断層】ができる。また, 長い時間にわたって大きな力で押されると, 波うったように曲がる【褶曲】ができる。

〈整合と不整合〉

- 地層は, 水中で連続して堆積する。このときの各層どうしの関係を【整合】という。しかし, 土地が隆起して【地上】になると, 堆積が中断して表面が侵食される。その後, 沈降して再び水中になると堆積が始まる。このとき, 侵食された層と新たに積もった層との関係を【不整合】といい, その面を【不整合面】という。

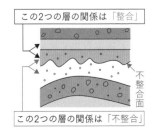

この2つの層の関係は「整合」

この2つの層の関係は「不整合」

ゼッタイに押さえるべきポイント ✏

□図1の段丘面A～Cで、最も古い段丘面は【A】である。 （普連土学園中など）

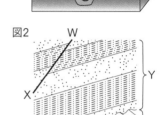

図1

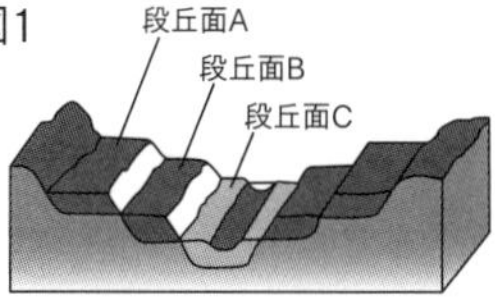

段丘面A
段丘面B
段丘面C

図2は、ある場所の露頭をスケッチしたものである。

□断層W－Xは【逆】断層である。

□断層W－Xができるときにはたらいた力は、次のア～ウのうち【ウ】である。
（早稲田大学高等学院中学部など）

ア　水平にすれちがう力

イ　引っ張り合う力

ウ　押し合う力

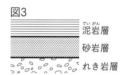

図2

W

Y

X

Z

□YとZの境界のような重なり方を【不整合】といい、Zに見られるように地層が波状に変形していることを【褶曲】という。

□図3のような地層がある。この地層が堆積している間、海水面は時間とともに【上昇】し、海岸線は【内陸】側へ移動した。ただし、地層の逆転はないものとする。 （浅野中など）

図3

泥岩層
砂岩層
れき岩層

📖 入試で差がつくポイント 解説➡p154

図4のような丘の2地点A、Bで、地下の地層を調べたところ、図5のようになっていた。 （浦和明の星女子中など）

□AからBに向かう方向のかたむきは、100mあたり【5】m【高】くなっている。
（普連土学園中・横浜共立学園中）

□この丘の地層がつくられたとき、海の深さがどのように変化したかを簡単に説明しなさい。

例：しだいに浅くなっていった。

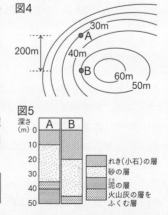

図4

30m
A
40m
200m
B
60m
50m

図5

深さ(m)　A　B

れき(小石)の層
砂の層
泥の層
火山灰の層をふくむ層

要点をチェック

〈化石〉

- 生物の【遺骸】の殻，骨，歯や，巣の穴や足あとなどの生活していた痕跡が，土砂とともに堆積し，長い年月の間に地層とともに固まったものを【化石】という。

〈示準化石〉

- 地層が堆積した【地質年代】を推定できる化石を【示準化石】という。
- 【示準化石】になる生物は，すでに【絶滅】していて，生息した年代が【限られて】いる。また，地球上の【広い】範囲に生息し，個体数が【多い】ことが条件となる。

古生代	中生代	新生代
5.4億〜2.5億年前	2.5億〜0.66億年前	0.66億年前〜現在
サンヨウチュウ フズリナ	アンモナイト 恐竜	ビカリア ナウマンゾウ

- 古生代は，【シダ】植物の巨木があり，これらの炭化したものが石炭である。
- 中生代のジュラ紀・白亜紀には，大型のハチュウ類である【恐竜】が栄えた。ティラノサウルス類などの食性は【肉食】，トリケラトプス類，ステゴサウルス類は【草食】である。
- 新生代は，第三紀，第四紀に分けられ，ビカリアは第三紀，ナウマンゾウは第四紀の示準化石である。

〈示相化石〉

- 地層が堆積した当時の【環境】を推定できる化石を，【示相化石】という。
- サンゴは，気候は暖かく，深さは【浅い】，きれいな海にすむ。
- シジミは，真水（淡水）と海水が混ざる河口付近にすむ。
- ハマグリやアサリは，深さの【浅い】海，ホタテガイは水温が低く深さの【深い】海にすむ。
- マンモスは体表が毛におおわれていることから，【寒冷】な気候に適応していると考えられる。

化石から，年代や環境が推定できることを覚えておこう。

ゼッタイに押さえるべきポイント

□この化石があれば，その地層が堆積した年代が推定できる化石を【示準化石】という。 (江戸川学園取手中など)

□その地層が堆積した年代がわかる化石として使うには条件がある。その条件は【広い】範囲に限られた年代だけに生息し，発見される数が【多い】ことである。 (岡山白陵中など)

□地層が堆積した当時の環境を知るために用いられる化石を【示相化石】という。 (神奈川大学附属中など)

□地層が堆積した当時の環境を知るために用いられる化石について，まちがっているものを選びなさい。 (雙葉中など)

　ア　サンゴの化石をふくむ地層は，暖かくきれいな浅い海でできた。

　イ　アサリの化石をふくむ地層は，そこが潮の満ち干の大きい砂浜であった。

　ウ　シジミの化石をふくむ地層は，河口のような淡水と海水の混ざるところでできた。

　エ　ホタテガイの化石をふくむ地層は，暖流の影響の大きな深い海でできた。

【エ】

入試で差がつくポイント　解説➡p154

□図1のB層とE層から化石が発見され，E層の化石は恐竜だった。B層で見つかる可能性のある化石を次のア〜エから1つ選びなさい。 (浅野中など)

　ア　サンヨウチュウ　イ　フズリナ
　ウ　マンモスの歯　　エ　ウミユリ

【ウ】

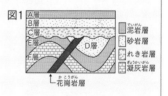

図1

A層 B層 C層 E層 F層
泥岩層
砂岩層
れき岩層
凝灰岩層
D層
← 花崗岩層

□図2は，離れた4つの地域ア〜エにおける地層の重なりで，火山灰層は同時に堆積したものである。また，それぞれの地域では全部で6種類の化石（①〜⑥）が見つかった。それぞれの化石が見つかった範囲を矢印で表すとき，示準化石として最も適しているのは【③】である。 (雙葉中など)

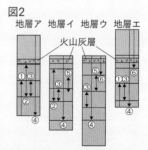

図2
地層ア　地層イ　地層ウ　地層エ
火山灰層

要点をチェック

〈流水のはたらきでできた堆積岩〉

粒の直径	〜0.06mm	0.06〜2mm	2mm〜
名前と見た目のようす	泥岩	砂岩	れき岩

- 泥だけの堆積物が押し固められたものを【泥】岩という。
- 砂と泥の堆積物が押し固められたものを【砂】岩という。
- 直径が2mm以上の【小石】をれきといい，れきをふくむ堆積物が押し固められたものを【れき】岩という。
- これらの堆積岩には，【化石】がふくまれることがある。
- ふくまれる泥，砂，小石の粒の形は，【丸み】を帯びている。

〈生物の遺骸からできた堆積岩〉

名前	【石灰】岩	【チャート】
主な成分	炭酸カルシウム	二酸化ケイ素
もとになる生物	サンゴ，フズリナ	放散虫など
その他の性質	比較的やわらかく，鉄くぎなどでひっかくと傷が【つく】。うすい塩酸をかけると，【二酸化炭素】が発生する。	とても【かた】く，ひっかいても傷が【つかない】。

- 石灰岩には【サンゴ】，【フズリナ】【アンモナイト】など，チャートには【放散虫】などの化石がふくまれることがある。

〈火山灰からできた堆積岩〉

- 火山噴火のときに火山から吹き出す火山噴出物のうち，主に【火山灰】が押し固められてできた堆積岩を【凝灰岩】という。
- ふくまれる火山噴出物の粒の形は，【角ばって】いる。

- 凝灰岩でできた地層は，その時代に【火山】の活動があったことを示す。また，離れた地点の地層のつながりを知る手がかりになる。

問題演習

ゼッタイに押さえるべきポイント

□れき岩をルーペで観察すると
図1の【ウ】，泥岩をルーペで
観察すると図1の【エ】のよ
うに見える。

（田園調布学園中等部）

図1

ア　イ　ウ　エ

□図2のように，泥岩層の間にあるX層を少しとってルー
ペで観察すると，角がある粒があった。これと関係の深
い現象は，次のア〜エのうち，【イ】である。

（筑波大学附属中など）

図2

泥岩層
X層

ア　地震（じしん）　イ　火山噴火　　ウ　山火事　　エ　台風

□川原でガラス，泥岩，石灰岩，水晶（すいしょう）を拾った。うすい塩酸をかけると泡（あわ）が
でるのは【石灰岩】であり，発生した気体は【二酸化炭素】である。

（開成中など）

□建築物に使われる大理石は【石灰岩】が変化したものであり，アンモナイ
トなどの化石がふくまれていることがある。　（光塩女子学院中等科など）

□水の作用以外のはたらきに
よってできる堆積岩は，右
の①〜④のうち，【④】で
ある。（鎌倉女学院中など）

| 小石の間に泥や砂がつまって固まった岩石…① |
| 砂が固まってできた岩石…② |
| 泥が固まってできた岩石…③ |
| 火山灰や火山砂が堆積してできた岩石…④ |

入試で差がつくポイント　解説→p154

□次のうち，凝灰岩をルーペで見たときのスケッチは【イ】である。

（攻玉社中など）

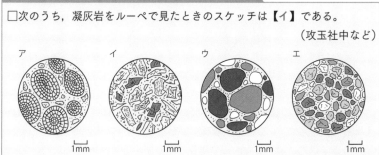

ア　イ　ウ　エ

1mm　1mm　1mm　1mm

図で見る重要ポイントのチェック ✐

〈火山のでき方〉

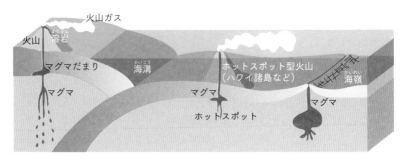

- 地下の岩石がとけてドロドロになったものを【マグマ】といい，たまっている地下の場所を【マグマだまり】という。
- マグマが海底から噴き出す点をホットスポットという。ここでは海底火山がつくられる。海底火山が海面より高くなって島となっているものもある。

〈火山噴出物〉

- 火山ガス（【水蒸気】，二酸化炭素，二酸化硫黄，一酸化炭素，塩素など）や，溶岩，軽石，火山弾，火山れき，【火山灰】などが噴出される。
- 高温の火山噴出物と火山ガスが，一体となって高速で斜面を下るのが【火砕流】である（時速100km以上になることもある）。

〈マグマの性質と火山の形〉

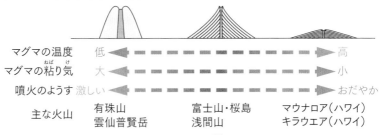

マグマの温度	低 ◀ ━ ━ ━ ━ ━ ━ ▶ 高
マグマの粘り気	大 ◀ ━ ━ ━ ━ ━ ━ ▶ 小
噴火のようす	激しい ◀ ━ ━ ━ ━ ━ ▶ おだやか
主な火山	有珠山 雲仙普賢岳 ／ 富士山・桜島 浅間山 ／ マウナロア（ハワイ） キラウエア（ハワイ）

- マグマが噴出する噴火はおだやかだが，激しい噴火はマグマが噴出しない【水蒸気】爆発で，火口付近の岩石などをふき飛ばすことがある。
- 過去1万年以内に噴火した火山や現在活動している火山を活火山という。日本には，活火山が【111】か所ある。

ゼッタイに押さえるべきポイント

正しい文には「○」，誤った文には「×」をつけなさい。　　（攻玉社中など）

□マグマが地表に出たものを溶岩というが，固まったもの，まだ固まっていないものも溶岩という。【○】

□火山噴火の中にはマグマが噴出せず，地下水がマグマの熱で熱せられて沸騰し，主に水蒸気が噴出するという形式もある。【○】

□火山が噴火したときに噴出した高温の火山ガスと火山灰が一体となって山を流れ下る現象を火砕流といい，速度は時速10km程度である。【×】

□次のア〜ウは火山の形を模式図で表したものである。おだやかな噴火をする火山の形として，最も適当なものは【ウ】である。

ア　　　　イ　　　　　　ウ

□図1は九州内陸にある世界有数のカルデラをもつ火山である。この火山の名称は次のア〜エのうち，【ウ】である。

図1

ア　桜島　　　　イ　浅間山
ウ　阿蘇山　　　エ　雲仙普賢岳

入試で差がつくポイント　解説→p154

□図2は北海道の昭和新山，図3はハワイのマウナケア（山）である。2つの火山の形のちがいを，マグマの性質に着目して簡単に説明しなさい。
　　　　　　　　　　（頴明館中など）

図2　　　　　図3

例：昭和新山は，マグマの温度が低く粘り気が大きいため，噴出する前に固まってしまい，固まった溶岩が盛り上がって形成された。一方，マウナケア（山）はマグマの温度が高く粘り気が小さいため，噴出してもなかなか固まらず，広い範囲に流れたために平たい形になった。

要点をチェック

〈火成岩〉

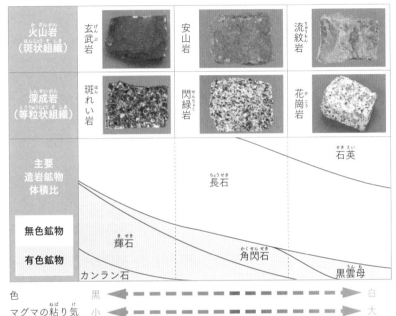

| 火成岩
（斑状組織） | 玄武岩 | 安山岩 | 流紋岩 |
| 深成岩
（等粒状組織） | 斑れい岩 | 閃緑岩 | 花崗岩 |

主要造岩鉱物体積比

石英 / 長石 / 輝石 / 角閃石 / カンラン石 / 黒雲母

無色鉱物 / 有色鉱物

色　　　　　　　　黒 ◀ ━ ━ ━ ▶ 白
マグマの粘り気　小 ◀ ━ ━ ━ ▶ 大

- マグマが冷えて固まってできた岩石を【火成岩】という。
- マグマが地下の深い場所にとどまり，とても長い年月（数十万年〜）をかけて【ゆっくり】と冷えて固まると，大きく成長した鉱物の結晶だけが組み合わさった【等粒状】組織の深成岩ができる。

深成岩のつくり

- マグマが上昇しながら比較的短い時間で冷えて固まる場合，地下深くにあるときには大きな結晶の【斑晶】ができる。その後，上昇して急激に冷え始めると，とても細かい結晶の【石基】ができ，これが大きな結晶の間を埋める【斑状】組織の火山岩ができる。

斑晶

石基

火山岩のつくり

ゼッタイに押さえるべきポイント 🖉

ある所で岩石を採取したところ，次の | | に示した岩石がえられた。

（早稲田大学高等学院中学部など）

| 安山岩　花崗岩　閃緑岩　チャート　砂岩　石灰岩　斑れい岩 |

☐ 1つの岩石をうすく削って，顕微鏡で観察すると図のような【斑状】組織であった。

☐ 図は，採取した岩石のうちの【安山岩】である。

☐ 採取した岩石のうち，石英，長石，黒雲母が必ずふくまれる岩石は【花崗岩】である。

☐ 表は，日本の火山の表面を形成する岩石の割合を表したものである。①〜③に当てはまる岩石名を，それぞれ答えなさい。（渋谷教育学園渋谷中など）

岩石の割合	約7割	約2割	約1割
岩石の色	灰色	白っぽい	黒っぽい
岩石の名前	①	②	③
火山地形	富士山のような形	溶岩ドーム	平べったく大きな山体

できたらスゴイ！ ▶ ①【安山岩】　②【流紋岩】　③【玄武岩】

📖 入試で差がつくポイント　解説→p154

図は2種類の火成岩A，Bを顕微鏡で観察したもので，火成岩Aでは鉱物Ⅰ，鉱物Ⅱ，鉱物Ⅲの順に結晶ができたと考えられる。

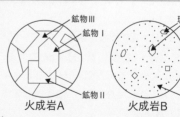

鉱物Ⅲ　鉱物Ⅰ　斑晶

鉱物Ⅱ　石基

火成岩A　　火成岩B

☐ マグマの温度が【下がる】と融点の【高い】鉱物から順番に結晶となる。

☐ 火成岩Bに比べて，火成岩Aの鉱物の結晶が大きい理由を簡単に説明しなさい。

> 例：マグマがゆっくり冷えたから。

テーマ45 地層 地震

要点をチェック

〈地震が起こるしくみ〉

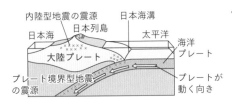

内陸型地震の震源　日本海溝
日本海　日本列島　太平洋
日本列島　海洋プレート
大陸プレート
プレート境界型地震　プレートが
の震源　動く向き

- 【海洋】プレートは，年間に数cmずつ【大陸】プレートの下へ沈み込むように動いている。このため，【大陸】プレートにひずみがたまり，ひずみが限界に達すると地震が起こる。

大陸プレート　海洋プレート　　　　　　　　地震発生

プレートの動き

①海洋プレートが，大陸プレートの下へ沈み込む。
②大陸プレートにひずみがたまる。
③大陸プレートのひずみが限界に達し，もとにもどろうとしてはね上がるように動く。

- 内陸型地震は，【活断層】が動くことによって起こる。
- プレート境界型地震の規模は，内陸型地震よりも【大きい】ことが多い。
- 地震が起こった地下の場所を【震源】，その真上の地表を【震央】という。

〈地震の揺れとその記録〉

- 地震の揺れを伝える波には，約 6 ～ 8 km/s の【P】波と 3 ～ 4 km/s の【S】波がある。

- 右のグラフの P 波の速さは，(195－90) km÷(36－22)秒＝【7.5】km/s である。

- 地震発生の時刻は，90km÷7.5km/s＝12秒 より 8時12分22秒 －12秒 ＝8時12分【10】秒。

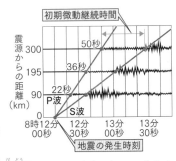

初期微動継続時間

震源からの距離（km）

300　50秒
195　36秒
90　22秒
P波　S波

8時12分00秒　12分30秒　13分00秒　13分30秒

地震の発生時刻

- P 波の到達で起こる小さな揺れを【初期微動】，S 波の到達で起こる大きな揺れを【主要動】という。
- P 波の到達から S 波の到達までの初期微動が続く時間を【初期微動継続時間】といい，その長さは震源からの距離に比例する。
- 揺れの大きさは 0 ～ 7 までの【10】段階の【震度】で表される。
- 地震で発生するエネルギー（地震の規模）は【マグニチュード】で表され，この値が 1 大きくなるとエネルギーは約【32】倍になる。

ゼッタイに押さえるべきポイント ✏️

図1は，地震の伝わり方を表したものである。図中の線は×印の場所Oから等距離の地点を結んだものであり，その間隔は等しくなっている。

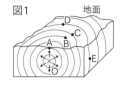

図1

□地震が発生した×印の場所Oを【震源】，Oの真上にあるA地点を【震央】という。

（山脇学園中など）

□揺れ始めた時刻が同じであったと考えられる地点は，図1のA〜Eのうち【D】と【E】である。　　　　　　　　　　　（江戸川学園取手中など）

図2は，図1の地震においてA地点とB地点で観測された地震計の記録を，地震が発生した場所Oから観測地点までの距離と地震が届いた時間との関係として表したグラフである。P波の速さを8km/s，S波の速さを4km/sとして計算しなさい。

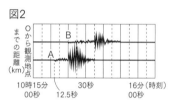

図2

□地震が発生した時刻は，10時【15】分【5】秒である。

（普連土学園中など）

□地震が発生した場所OからB地点までの距離は【120】kmである。

📖 入試で差がつくポイント　解説➡p154

図3は，震源からの距離が異なる3つの地点の地震計の記録である。

□この地震のP波の速さは【8】km/s，S波の速さは【4】km/sである。

この地震が発生したとき，震源から32km離れた地点の地震計でP波を観測し，それから6秒後に緊急地震速報が発信された。

□震源から70km離れた地点では，緊急地震速報を受信してからS波が到達するまで何秒か。小数第一位まで答えなさい。

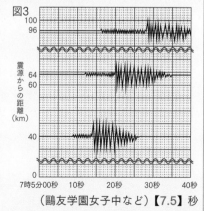

図3

（鷗友学園女子中など）【7.5】秒

図で見る重要ポイントのチェック ✎

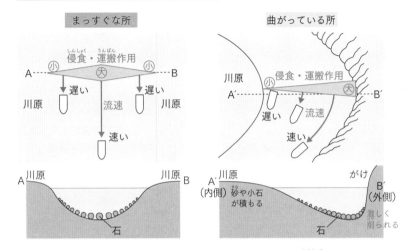

まっすぐな所 / 曲がっている所

- まっすぐ流れる川は、川の【中央】の流れが速いため、侵食作用が大きく川底が【深く】削られる。また、運搬作用も【大きい】ので大きな石が積もっている。

- まっすぐ流れる川の中央部分で比べると、水面よりも、水面の少し下の方が、流れが【速】い。これは、水面には空気とのまさつがあるからである。川底近くは、川底とのまさつがあるので、水面近くよりも流れが【遅】い。

←下流　　　上流→
少し遅い
速い
遅い

- 曲がって流れる川では、【外】側の方が、流れが【速】い。これは、外側に水が多く集まることや、外側の方が遠心力が大きくなることによる。

- 【外】側は侵食が大きく【がけ】になる。川底には【大き】い石が積もる。

- 【内】側は流れが遅いので、小石や砂が積もって【川原】になる。

- 災害が起こったときの被害の予測や、避難が必要な地域、避難経路、避難場所などを示した地図を【ハザードマップ】という。

削られないようにコンクリートなどで固めるのは、外側だね。

ゼッタイに押さえるべきポイント ✏️

図1は，橋の上から川や川原の様子をスケッチしたものである。

（筑波大学附属中など）

図1

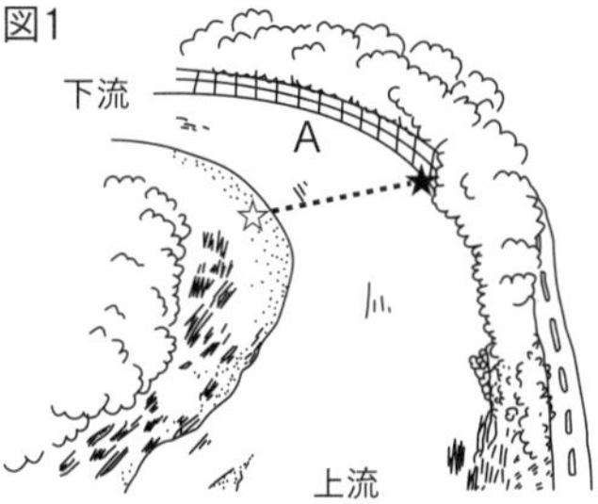

□ Aの部分は，川が曲がっているところの外側にあるため，流れが【速く】，【侵食】するはたらきが大きいので，コンクリートで固めて保護している。

□ スケッチの☆…★の断面を上流側から見たとき，川底のようすとして正しいものを選びなさい。【ア】

（修道中・海陽中など）

入試で差がつくポイント　解説→p154

図2は，山の中から平地に流れ出たあたりの川の流路を，上から見たところである。図3は，この川を下流側から上流側に向かって見たときの断面図である。

図2

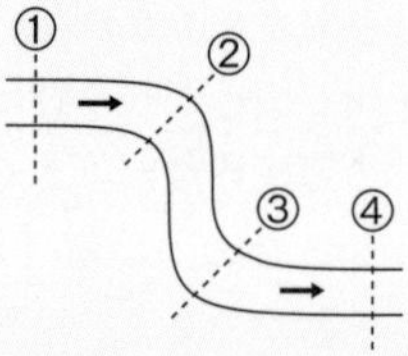

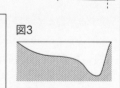

□ 図3は，図2の①～④のうち，どの位置の断面図か。また，そう考えた理由も簡単に説明しなさい。

位置【②】

理由

> 例：川の流れが曲がっている所では，外側の流速が速く川底が大きく侵食されて深くなるから。（内側の流速が遅く，堆積作用が大きいため浅くなるから）

図3

□ 大雨が降ると，川の水の量が増えて，平地や河口近くで洪水になることがある。洪水を防ぐためにはどのような工夫をすればよいか，川の上流の地域でできることを1つ答えなさい。

（学習院女子中等科など）

> 例：ダムをつくって，流量を調節できるようにする。

テーマ47 地層 川の上流・中流・下流

図で見る重要ポイントのチェック ✏

〈流水のはたらき〉

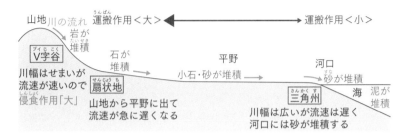

- 岩石が，風，雨，【太陽光】などによってもろくなることを【風化】という。
- 川の上流は流れが【速い】ので，風化した岩石が削られる【侵食】がさかんに行われ，【Ｖ字谷】ができる。また，削られた岩石は大きく【角ばった】形をしている。大雨の後など，水の量が急に増えると，川の【運搬】作用が大きくなり，岩石は割れて小さくなりながら流れていく。

- 川が山地から平野に出ると流れが遅くなり，流水の運搬作用が小さくなって【堆積】作用が大きくなるため，小石（れき）が多く堆積した【扇状地】ができる。平野を流れる川には，石や砂が堆積する川原ができる。

- 地形のかたむきがゆるやかな下流では，流れが【遅い】のでおもに砂が堆積する。さらに粒の小さい泥は，沖合まで運ばれて堆積する。
- 川の上流から下流へ向かって，流れはしだいに【遅く】なっていくため，侵食作用や運搬作用は【小さく】なっていく。このため，川底に積もる土砂の粒はしだいに【小さく】なっていくとともに，流れるときにぶつかり合うことで【角】がとれ，【丸み】を帯びた形へ変化していく。

ゼッタイに押さえるべきポイント

□風化が起こる原因は何か。「風」以外の原因を１つ答えなさい。

【例：雨，太陽光】

□川の上流部では，かたむきが大きいため流れが【速】く【侵食】作用が強
くはたらき，川底は深くなる。山あいから平野部へ流れ出すと，かたむき
が急に小さくなるため流れが【遅】くなり，【運搬】作用が弱まる。

（金蘭千里中など）

□水が土地を削るはたらきを【侵食】という。上流の川の石は，【角ばった】
形をしていて，大きさが【大きい】ものが多くなっている。山の中を流れ
た川が平地に出ると，上流から運搬されてきた小石や砂が【堆積】する。

（高槻中・攻玉社中など）

□川の上流では川幅は【せま】く，下流では【広】い。　（吉祥女子中など）

入試で差がつくポイント　解説→p154

流水には，侵食作用，運搬作用，堆積
作用の3作用があり，右の図はそれら
と地層をつくる粒の大きさとの関係を
示したグラフである。曲線Ｉは水底に
静止している粒が流水によって削られ
流され始める境界を，曲線Ⅱは流水に
よって水中を流されていた粒が水底に
堆積し始める境界を示している。

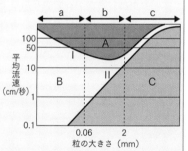

（鎌倉女学院中など）

□グラフのａ〜ｃにあてはまるのは，小石，砂，泥のどれか。

a【泥】b【砂】c【小石】

□流水の3作用のうち，図のＣでは【堆積】作用がおこる。

□最も遅い流速で動き出すのは【砂】であり，最も速い流速で堆積し始める
のは【小石】である。　（岡山白陵中・サレジオ学院中）

要点をチェック

〈V字谷〉

- 山地では川の流れが速いので，川底が激しく侵食されて【V字谷】とよばれる地形ができる。

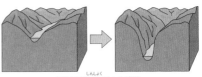

上流での侵食による地形

〈扇状地〉

- 川が山地から平野に出る所では，流れが急激に遅くなり，石が多く堆積するために【扇状地】が形成される。堆積するものの粒が大きいので水を通しやすく，大雨のとき以外は川に水がない水無川となる所がある。

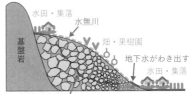

水田・集落
水無川
畑・果樹園
地下水がわき出す
水田・集落
基盤岩
地下水の流れ　扇状地の断面

〈三角州〉

- 地形のかたむきがゆるやかな川の下流では，流れが【遅い】ので小さな石や砂が堆積する。河口付近では，おもに砂が堆積して【三角州】が形成されることが多い。

〈蛇行と三日月湖〉

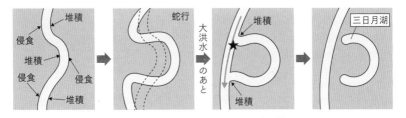

堆積
侵食
堆積
侵食　侵食
堆積

蛇行

大洪水のあと

堆積
★
堆積

三日月湖

- 平野を流れる川において，曲がったところでは【外】側が侵食されるため，曲がりがだんだん大きくなる。このような曲がった流れを【蛇行】という。このとき，大雨などにより流れる水の量が増加すると，★部を激しく侵食して新しい流れができる。古い川の流れは川から切り離されて【三日月湖】となる。

氷河によって削られてできた地形には，カール（圏谷）があるよ。

ゼッタイに押さえるべきポイント✎

□図1は，ある地域を流れる川について，横から見たものである。次の①～④の地形は，どのあたりでよく見られるか。あとのア～エから1つずつ選びなさい。（暁星中など）

① 三角州
② 扇状地
③ 三日月湖
④ Ｖ字谷

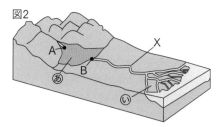

図1

ア　Ａ－Ｂ間　イ　Ｂの下方付近　ウ　Ｂ－Ｄ間　エ　Ｄの上方付近

①【エ】②【イ】③【ウ】④【ア】

図2は，川が山地から平地に出て，さらに海へ流れ込むまでのようすを表したものである。　（海陽中など）

□川が山地から出るあたりに見られる⑧の地形を【扇状地】，河口付近に見られる⑪の地形を【三角州】という。また，Ｘのように川の流れが曲がっているようすを【蛇行】という。

📖 入試で差がつくポイント　解説→p155

□図2の⑧の地形では，Ａのあたりで川の流れがとぎれ，Ｂのあたりで再び現れることがある。このようなことが起こる仕組みを，簡単に説明しなさい。

> 例：Ａのあたりから始まる扇状地は，小石や砂が堆積していて水がしみ込みやすいので，水は地下を流れ，扇状地が終わるＢのあたりでわき出してくるため。

□河口付近の海岸線のようすは，海の底の形や海水の流れの速さなどによって異なる。急に深くなって，海水の流れの速い場所にできる地形として正しい図を，右のア～ウから1つ選びなさい。

ア　　　　　イ　　　　　ウ

【ウ】

図で見る重要ポイントのチェック

〈月の見かけの形〉

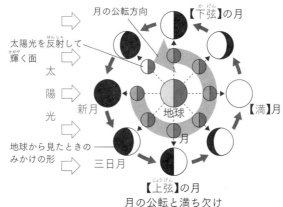

月の公転と満ち欠け

- 月は自ら光を出しておらず,【太陽】の光を反射して輝いている。

- 月は地球のまわりを【公転】している。このため,地球から見たとき輝いている部分の見え方が変化する。このように,月のみかけの形が変化することを,月の【満ち欠け】という。

- 月がまったく見えない状態を【新月】,太陽光を反射している部分がすべて見えている状態を【満月】という。また,南中したとき右側が明るい半月を【上弦の月】,左側が明るい半月を【下弦の月】という。

- 新月を1日目とすると,満月は約【15】日目,次の新月までは約【29.5】日である。

- 新月から満月までの間,月は【右】側から満ちていき,満月から新月までの間,月は【右】側から欠けていく。

- 月は1日に 360(°)÷27.3(日)≒【13】°,地球は1日に 360(°)÷365(日)≒【1】°ずつ西から東に公転している。このため,同じ時刻に見える月の位置は,前日に比べると【東】に約【12】°ずれた位置に見える。

- 地球が1°自転するのにかかる時間は,24時間=1440分 1440(分)÷360(°)=【4】分なので,月が同じ位置に見える時刻は,前日に比べて【48】分ずつ【遅く】なる。

ゼッタイに押さえるべきポイント ✏

図1は，地球の北極側から見た月，地球，太陽の位置関係を表している。

（慶應義塾湘南藤沢中等部など）

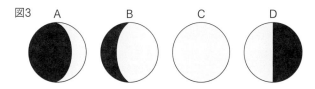

□日本で満月が見られるのは，月が図1の【キ】の位置にあるときになる。

□図2の月が見られるのは，満月から【4・⑨・14・19・24】日後である。

新月の日から1か月間，月の満ち欠けを観察した。図3のA～Dは，そのとき観察した月のうち，4つを順番に並べたものである。

図3
A B C D

□Cの満月が見えたのは，観察を始めて【15】日目である。

□月の公転の向きは，図4の【ア】である。

□図3のBは，月が図4の【X】の位置にあるとき，図3のDは，月が図4の【S】の位置にあるときに見えたものである。

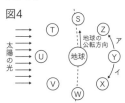

📖 入試で差がつくポイント 解説→p155

□月が1周自転するのにかかる日数と，月が地球の周りを1周するのにかかる日数は，どちらも27.3日である。同じ時刻に見たとき，月は1日ごとにどちらの方角に何°ずつ，ずれてみえるようになるか。小数第一位を四捨五入して，答えなさい。ただし地球は，月が地球の周りをまわる向きと同じ向きに，太陽の周りを1日あたり1°ずつまわっているものとする。

【東】の方角に【12】°ずつずれる （浦和明の星女子中など）

□ある年の最初の満月は1月2日だった。月の満ち欠けの周期を29.5日とすると，この年の春分の日（3月21日）の月の形は【三日月】である。ただし，この年はうるう年ではないものとする。 （開成中など）

要点をチェック

• 地球が自転しているため,月は,360(°)÷24(時間)より,1時間に【15】°ずつ東から南を通って西へ移動して見える（北半球の場合）。したがって,東の地平線から昇って,およそ【12】時間後に西の地平線へ沈む。

図で見る重要ポイントのチェック

〈月の見える位置や時刻の変化〉

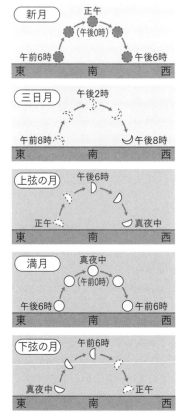

• 新月は見えないが,午前【6】時ごろに東の地平線から昇り,午後【0】時ごろに南中して,午後【6】時ごろに西の地平線へ沈む。

• 三日月は,午前【8】時ごろに東の地平線から昇り,午後【2】時ごろに南中して,午後【8】時ごろに西の地平線へ沈む。

• 上弦の月は,午後【0】時ごろに東の地平線から昇り,午後【6】時ごろに南中して,午前【0】時ごろに西の地平線へ沈む。

• 満月は,午後【6】時ごろに東の地平線から昇り,午前【0】時ごろに南中して,午前【6】時ごろに西の地平線へ沈む。

• 下弦の月は,午前【0】時ごろに東の地平線から昇り,午前【6】時ごろに南中して,午後【0】時ごろに西の地平線へ沈む。

月以外の天体も,
1時間に15°ずつ
動いて見えるよ。

106

ゼッタイに押さえるべきポイント

□俳人の与謝蕪村は1774年5月3日に「菜の花や月は東に日は西に」と詠んだ。このときの月の形は【オ】で，月の出の時刻は【サ】である。

（早稲田実業学校中等部・六甲学院中など）

ケ　9時ごろ　　コ　13時ごろ　　サ　17時ごろ　　シ　21時ごろ

正しい記述には「○」，誤った記述には「×」をつけなさい。

□夕方に三日月が観測された後，毎日同じ時刻に月を観測すると，月は三日月から新月へ変化していき，7日以内に新月になる。【×】

□月が満月→半月→新月と変化するには，およそ1か月かかる。【×】

□月の光っている側の逆側は，いつも太陽の方を向いている。【×】

□三日月は西の低い空で夕方に観測できる。【○】

□図の形の月は，午前6時ごろと午後6時ごろには，どちらの方角に見えるか。見えないときは「×」で答えなさい。

午前6時【×】，午後6時【南】

（明治大学付属中野中など）

入試で差がつくポイント　解説→p155

5月22日の21時に，満月が図のように見えた。

□5月22日から何日か過ぎた後，同じ場所で21時に月を観察すると南西の空に見えた。この日は，5月22日から何日後か。最もふさわしいものを次のア〜オから，1つ選びなさい。

ア　3日後　　イ　7日後　　ウ　14日後
エ　21日後　　オ　25日後

【エ】（早稲田中など）

□前問の月は，どのような形で，どのようなかたむきであったか。右の点線の丸を満月としてかきなさい。

テーマ51 月 日食と月食

図で見る重要ポイントのチェック ✏️

〈日食のしくみ〉

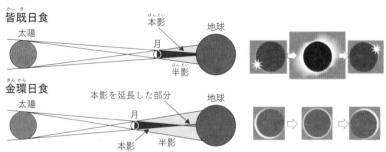

- 日食は，一直線上に太陽－月－地球の順で並んだとき，月が太陽をかくす現象で，月の形が【新月】のとき起こる。地球上に月の【影】が映る地帯で見られる。
- 月と地球との距離が近いとき，太陽がすべてかくされる【皆既】日食が見られる。月と地球との距離が遠いとき，【金環】日食が見られる。
- 半影がうつる地帯では，太陽の一部がかくされる【部分】日食が見られる。
- 日食のとき，太陽は【右（西）】側から欠けて，【右（西）】側から現れる。
- 太陽の直径は月の約【400】倍で，地球から太陽までの距離は地球から月までの距離の約【400】倍である。このため，太陽と月の見かけの大きさがほぼ等しくなる。

〈月食のしくみ〉

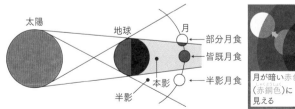

- 月食は，一直線上に太陽－地球－月の順で並んだとき，月が地球の【影】に入るために起こる現象で，月の形が【満月】のときに起こる。
- 月が地球の本影にすべて入るのが【皆既】月食，一部が本影に入ると【部分】月食となる。

- 月食は，そのとき月が見える地球上のすべての地域で観察できる。

ゼッタイに押さえるべきポイント 🖊

□日食と月食のうち地球の影が見られるの
は【月食】で, 月が図1の【ア】にある
ときに起こる。　　（山脇学園中など）

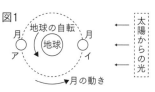

図1

□皆既日食や金環日食のように, 太陽の欠け方が変わるのは,【月】と地球
との距離が一定ではないからである。　　　　（海城中・山手学院中など）

□日食が起こった日の4日前に見える月は, いつ, どの方角で観察できるか。
それぞれ選びなさい。　　　　　　　　　　　（横浜共立学園中など）

いつ：ア　真夜中　　イ　明け方　　ウ　夕方　【イ】

方角：エ　南東　　　オ　南西　　　カ　南　　【エ】

□月食が起こる前, 地球から見える月の形は【満月】である。

（山脇学園中など）

□月食のとき, 太陽,【地球】,【月】の順に, 一直線上に並んでいる。

（須磨学園中など）

□皆既月食では, 月の色は【赤黒】く見える。（城北中・立教女学院中など）

📖 入試で差がつくポイント　解説→p155

□図2で, 地球上のA地点から見たとき, 金環日食になるには, ア〜ウのどの
位置に月があればよいか。すべて選びなさい。ただし, 太陽, 月, 地球の
大きさの比率や距離は図2のようになっているものとする。　（開成中など）

図2

太陽

ア　イ　ウ

月

A

地球

【ア, イ】

地球に最も近づいた
ときの満月は,
スーパームーンと
よばれているね。

図で見る重要ポイントのチェック ✏️

〈月の公転周期と満ち欠けの周期（満月から次の満月まで）〉

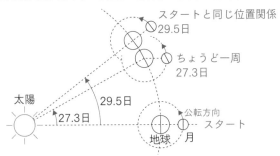

- 月が地球の周りをまわる公転周期は，約【27.3】日である。

- 満月からスタートして27.3日後の太陽，地球，月の位置関係は，【地球】が公転するため，スタートと同じ状態にならず，月の形は満月にならない。満月になるのは，位置関係がスタートと同じになる【29.5】日後。

- 月が公転することで，海面の高さが変わる【満ち潮】，引き潮が起こる。

〈月が地球に向けている面・月から見た地球〉

- 月は，常に地球に同じ面を向けている。このことから，月の自転周期は約【27.3】日とわかる。また，月の裏側を地球から直接見ることはできない。

- 月は自転周期と【公転】周期が等しいため，月から地球を見ると，見える位置は変化【しない】。

- 月から地球を見ると，地球は満ち欠けする。例えば，地球から見た月が上弦の月のとき，月の北極点から見た地球は【左】半分が明るく見える（右図）。

〈月について〉

- 地球の周りを公転する【衛星】である。その他の衛星では，火星のフォボスとダイモスや，木星に多数あるうちの，イオ，エウロパ，ガニメデ，カリストがよく知られている。

- 月の直径は約【3500】kmで，地球から約【38万】kmの距離にある。

- 月に大気や水はなく，表面には隕石などが衝突してできた【クレーター】がある。

ゼッタイに押さえるべきポイント ✏️

□月の表面には，たくさんの「くぼみ」が見られる。この「くぼみ」を【ク
レーター】といい，【隕石】が衝突してできたと考えられている。

(南山中女子部など)

月の北極点から地球を見ると，図1のように見えた。　(駒場東邦中など)

図1　図2

□このときの月の位置は，図2のア〜エのうち【ウ】である。図2は，地球の北極側から見たものである。

□月の北極点において，この後の地球の満ち欠けは【ア】である。

ア　満ちていく　　イ　欠けていく　　ウ　変化しない

□同じ時刻に，月の赤道から地球を見ると，地球は真上ではなく水平線近くに見えた。このときに見える地球の形は右の【イ】である。

(共立女子中など)

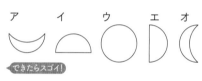

ア　イ　ウ　エ　オ

◁ できたらスゴイ！

□月の直径を調べるために，直径0.7cmの球を用意して，月にかざしたところ，観察者の目から76cm離れたときに，この球と月がぴったり重なった。また，月は地球から380000km離れている。これらのことから月の直径は【3500】kmと求められる。　(城北中など)

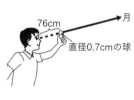

76cm　月

直径0.7cmの球

入試で差がつくポイント 📖　解説→p155

□月にクレーターがあることを説明する説はいくつかあったが，人類が月に行って発見したある事実によって，隕石衝突説が正しいとわかった。その事実として当てはまるものを，次のア〜エから1つ選びなさい。(灘中など)

ア　月の海とよばれる地域の石から生物の化石が見つかった。

イ　月の海とよばれる地域には大きなクレーターが少なかった。

ウ　月面にある石は，どれも角がとれていて丸かった。

エ　月面にある石の表面に数mm以下の小さなクレーターがたくさん見つかった。

【エ】

テーマ53 太陽 太陽の日周運動

図で見る重要ポイントのチェック ✏

〈天体望遠鏡を使った太陽の観察〉

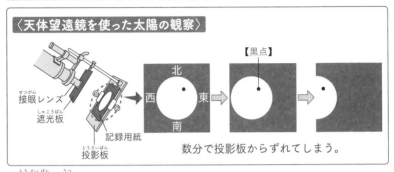

接眼レンズ
遮光板
記録用紙
投影板

【黒点】

数分で投影板からずれてしまう。

- 投影板に映る太陽の像は、しだいに【左】へずれていく。このことから、太陽の見える位置が時間とともに【東】の方角から【西】の方角へ移動していることがわかる。
- 太陽の日周運動は、地球が【地軸】を回転軸として、ほぼ24時間で【西】の方角から【東】の方角へ1回【自転】することによる見かけの運動である。
- 太陽の表面には、周囲より温度が【低い】ため黒く見える【黒点】がある。

〈透明半球を使った観察〉

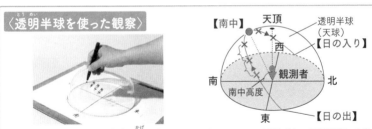

【南中】 天頂 透明半球（天球）
【日の入り】
西
観測者
南 南中高度 北
東 【日の出】

- 方位を合わせ、ペンの先端の影が中心にくるようにして、1時間ごとに透明半球に太陽の位置の印（×）をつける。
- 印（×）をなめらかな線で結び、透明半球のふちまで延長する。

- 印から印までの長さがすべて【等しい】ことから、地球の自転速度は【一定】であることがわかる。
- 太陽は【子午線】を通過するとき真南に見える。このとき、太陽が、【南中】したという。また、このときの高度を【南中高度】という。

ゼッタイに押さえるべきポイント ✏️

図1のように，望遠鏡に取り付けた投影板に太陽を映した。
図2は，投影された太陽のスケッチである。

（青山学院中等部など）

図1

遮光板
望遠鏡
投影板

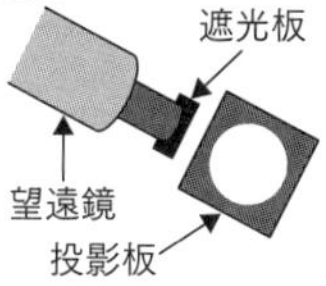

□黒点が黒く見えるのは周囲より【温度】が【低】いから
である。

□観察している間，太陽は投影板上で少しずつ移動して，
投影板からずれてしまった。この原因は次のア～エのう
ち，【イ】である。

図2
投影された太陽
黒点

ア　太陽の自転　　イ　地球の自転
ウ　太陽の公転　　エ　地球の公転

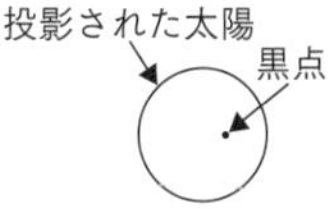

図3は，透明半球上に太陽の1時間ごとの位置を午前9時から・印で記入し
たものである。A，Bは印をなめらかな線で結んで透明半球のふちまでのば
した点，Oは透明半球の中心，P，Q，R，Sは東，西，南，北のいずれか
の方角を示したものである。また，XY間は3cm，AX間は7cmである。

□図のQが示す方角は【東】である。
（海陽中など）

□XZ間の長さは【9】cmである。

□日の出の時刻は【6】時【40】分
と考えられる。　（浅野中など）

図3
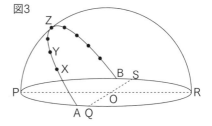

📖 入試で差がつくポイント　解説→p155

□図1で観察された図2の黒点の直径は，投影された太陽の直径の約50分の
1だった。黒点の実際の直径と地球の直径を比べた説明として正しいもの
を，次のア～オから1つ選びなさい。　　（青山学院中等部など）

ア　地球の直径の半分よりもはるかに小さい。
イ　地球の直径とほぼ同じ大きさ。
ウ　地球の直径の約2倍の大きさ。
エ　地球の直径の約5倍の大きさ。
オ　地球の直径の5倍よりもはるかに大きい。　　　　　　【ウ】

図で見る重要ポイントのチェック ✏️

〈南中高度と日長の変化〉

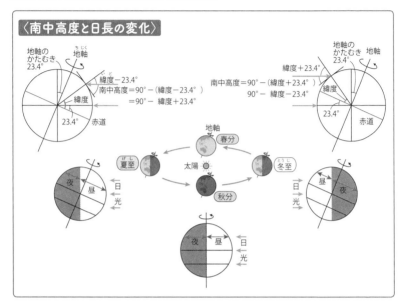

- 地軸は，公転面に対して垂直な向きから，約【23.4】°かたむいている。このため，北半球では北極が太陽側にあるときが【夏】，太陽と反対側にあるときが【冬】となる。

- 1年のうちで「昼の長さ＝夜の長さ」となる日のうち，3月21日ごろを【春分】の日，9月23日ごろを【秋分】の日という。春分の日を過ぎると「昼の長さ【＞】夜の長さ」となり，6月22日ごろに昼が最も長くなる【夏至】の日となる。また，秋分の日を過ぎると「昼の長さ【＜】夜の長さ」となり，12月22日ごろに昼が最も短くなる【冬至】の日となる。

- 春分の日と秋分の日の太陽の南中高度は，90°−【緯度】で求められる。

- 夏至の日の太陽の南中高度は，90°−緯度【＋】23.4°，冬至の日の太陽の南中高度は，90°−緯度【−】23.4°で求められる。

- 北緯23.4°の地点では，夏至の日の太陽の南中高度が【90】°になる。

- 夏至の日，北緯【66.6】°より高緯度の地点では，太陽が1日中沈まず地平線を周回するように見える【白夜】となる。このとき，南緯【66.6】°より高緯度の地点では1日中太陽が昇らない極夜となる。

114

ゼッタイに押さえるべきポイント ✎

図1は，北緯35°の地点で太陽の南中高度をは
かったものである。

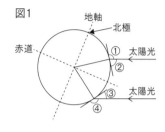

図1

□この地点の南中高度を表しているのは，図
1の①～④のうち【②】である。

□この日は，1年のうちで南中高度が最大に
なる【6】月22日ごろであった。

図2は，地球の公転のようすを表し
たものである。

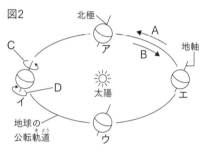

図2

□図2で，公転の向きは【A】，自
転の向きは【C】である。
　　　　　　　　（専修大学松戸中など）

□図2で，日本が夏至のときの地球
を表しているのは，ア～エのうち
【イ】である。
　　　　　（中央大学附属横浜中など）

ある地点で太陽の動きを観察したところ，太陽が水平線にそって左回りに平
行に動き，沈まなかった。

□この現象を【白夜】という。　　　　　　　（早稲田大学高等学院中学部など）

□この現象が起こったのは，次のア～カのうち【カ】である。ただし，春分・
夏至・秋分・冬至は，それぞれの観測地点でのものとする。　　（芝中など）

　ア　赤道上で夏至の日　　イ　北極で春分の日　　ウ　南極で冬至の日
　エ　赤道上で冬至の日　　オ　北極で秋分の日　　カ　南極で夏至の日

📖 入試で差がつくポイント　解説→p155

□夏は冬よりも気温が高くなる理由を簡単に説明しなさい。ただし，『南中
　高度』『面積』『太陽光』の3語を使うこと。　　（渋谷教育学園幕張中など）

> 例：夏は太陽の南中高度が冬よりも大きくなるので，同じ面積の地表に
> 　　あたる太陽光の量が冬よりも多くなるから。（また，夏は冬よりも
> 　　日照時間が長いから。）

テーマ55 太陽 季節と太陽

図で見る重要ポイントのチェック

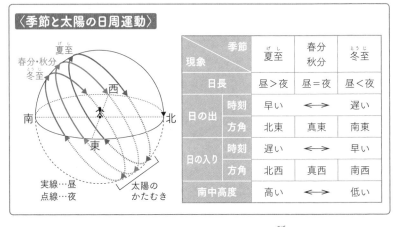

〈季節と太陽の日周運動〉

季節 \ 現象		夏至（げし）	春分 秋分	冬至（とうじ）
日長		昼＞夜	昼＝夜	昼＜夜
日の出	時刻	早い	←→	遅い
	方角	北東	真東	南東
日の入り	時刻	遅い	←→	早い
	方角	北西	真西	南西
南中高度		高い	←→	低い

実線…昼　点線…夜　太陽のかたむき

- 春分の日と秋分の日，太陽は【真東】の地平線から昇（のぼ）り，【真西】の地平線へ沈（しず）む。透明半球（天球（てんきゅう））で考えると，地平線の上にある時間と下にある時間が等しく「昼の長さ【＝】夜の長さ」となる。

- 春分の日を過ぎると，日の出，日の入りの方角はしだいに【北】の方角へ移動していき，夏至の日に最も【北】寄りとなる。また，透明半球（天球）で考えると，地平線の上にある時間【＞】下にある時間で，「昼の長さ【＞】夜の長さ」となる。

- 夏至の日を過ぎると，日の出，日の入りの方角はしだいに【南】の方角へ移動していき，秋分の日に，日の出は真東，日の入りは真西になる。このとき，「昼の長さ【＝】夜の長さ」となる。

- 秋分の日を過ぎると，日の出，日の入りの方角はさらに【南】の方角へ移動していき，冬至の日に最も【南】寄りとなる。また，透明半球（天球）で考えると，地平線の上にある時間【＜】下にある時間で，「昼の長さ【＜】夜の長さ」となる。

- 冬至の日を過ぎると，日の出，日の入りの方角はしだいに【北】の方角へ移動していき，春分の日に，日の出は真東，日の入りは真西になる。このとき，「昼の長さ【＝】夜の長さ」となる。

ゼッタイに押さえるべきポイント

□次のア～オのうち，さいたま市から見える太陽の動きに関することがらについて，最も適当なものは【エ】である。　　　（浦和明の星女子中など）

ア　夏至の日の太陽は，南の地平線から昇り，東の空を通って北の地平線へ沈む。

イ　太陽から地球までの距離は，冬至の日より夏至の日の方が長くなるため，冬至の日の太陽は大きく見える。

ウ　日の出から真南に太陽が来るまでの時間は，夏至の日の方が冬至の日より短くなる。

エ　冬至の日の，日の出，日の入りの方角は1年で最も南寄りになる。

オ　冬至の日の太陽は1時間に30°ずつ動くため，夏至の日より昼の長さは短くなる。

日の出の方角と時刻について答えなさい。　　　　　　　　　（芝中など）

□9月1日の日の出のあとすぐ，まっすぐな道を歩いていると真後ろから太陽の光が射してきた。この人が進んでいる方角として，最も適当なものは，次のア～シのうち，【ケ】である。

ア　北～北東　イ　北東　　　ウ　北東～東　エ　東～南東

オ　南東　　　カ　南東～南　キ　南～南西　ク　南西

ケ　南西～西　コ　西～北西　サ　北西　　　シ　北～北西

□9月1日の3週間後，日の出の方角は9月1日と比べてどうなるか。また，日の出の時刻はどうなるか。正しい組み合わせを右のア～カから1つ選びなさい。

【エ】

記号	日の出の方角	日の出の時刻
ア	北へ移動	早くなる
イ	南へ移動	早くなる
ウ	北へ移動	遅くなる
エ	南へ移動	遅くなる
オ	移動しない	早くなる
カ	移動しない	遅くなる

入試で差がつくポイント　解説➡p155

□次のときの緯度を，それぞれ答えなさい。　　　　　　　　（芝中など）

①太陽が最も南寄りから出て，真南を通るときの高度が46.6°の地点。

②太陽が真東から出て，正午には太陽の高度が90°の地点。

③太陽が最も南寄りから出て，真北を通るときの高度が78.4°の地点。

①【北緯20°】　　②【(北緯または南緯)0°】　　③【南緯35°】

図で見る重要ポイントのチェック ✎

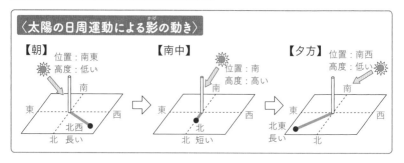

〈太陽の日周運動による影の動き〉

【朝】 位置：南東　高度：低い

【南中】 位置：南　高度：高い

【夕方】 位置：南西　高度：低い

〈季節ごとの影の動き〉

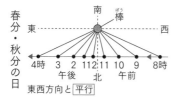

春分・秋分の日

4時　3　2　112　11　10　9　8時
午後　　　北　　午前

東西方向と 平行

- 春分の日と秋分の日，太陽は真東の地平線から昇るので，日の出のときの影は【真西】へのびる。また，太陽は真西の地平線へ沈むので日の入り時の影は【真東】へのびる。

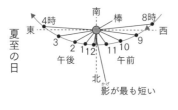

夏至の日

影が最も短い

- 夏至の日，太陽は1年のうちで最も北東の地平線から昇るので，日の出のときの影は最も【南西】へのびる。また，南中高度が1年のうちで最も高いので，南中時にできる影の長さは1年のうちで最も【短く】なる。

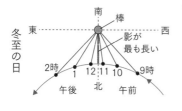

冬至の日

影が最も長い

2時　1　12　11　10　9時
午後　　北　　午前

- 冬至の日，太陽は1年のうちで最も南東の地平線から昇るので，日の出のときの影は最も【北西】へのびる。また，南中高度が1年のうちで最も低いので，南中時にできる影の長さは1年のうちで最も【長く】なる。

ゼッタイに押さえるべきポイント ✏

□垂直に棒を立て，太陽光による影を観察した。図1は太陽が真南にある時刻と，その約2時間後，および約4時間後の影を真上から見たものである。

この観察を行ったのは【6】月下旬である。

（青山学院中等部など）

図1
太陽が真南にある時刻の影
北
約2時間後の影
棒
約4時間後の影

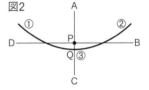

図2のように，北緯35度の都市で点Pに棒を立て，影の先端の動きを紙に記録した。

□北を示すのは【C】で，午前中の記録は【②】である。　（ノートルダム清心中など）

□図2の観察は【夏至】の日のころに行った。

（土佐塾中など）

図2

A
①　　　　　②
D―――P―――B
Q③
C

□前問の日，この都市における太陽の南中高度は【78.4】度になる。地軸のかたむきが公転面に対して66.6度とする。　（青稜中・普連土学園中など）

□影の先端が一定時間に進む長さは，①と③で【同じになる】。

（早稲田大学高等学院中学部など）

📖✏ 入試で差がつくポイント　解説→p155

□6月の下旬に，札幌と鹿児島で地面に垂直に立てた棒の影の先端の動きを結んだ線を次のア〜エから，1つ選びなさい。ただし●は棒の位置，実線が鹿児島，点線が札幌とする。　（ラ・サール中など）

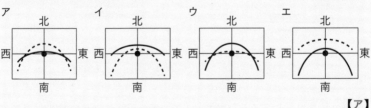

ア　北　　　イ　北　　　ウ　北　　　エ　北
西　　東　西　　東　西　　東　西　　東
南　　　　南　　　　南　　　　南

【ア】

□前問で選んだ図から，夏の札幌では，鹿児島に比べて，太陽の南中高度が【低く】，昼の時間が【長い】ことが読み取れる。

太陽の南中時刻と各地の太陽の動き

図で見る重要ポイントのチェック ✏️

〈日本標準時〉

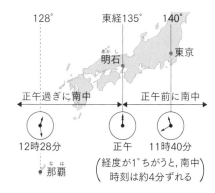

- 日本では，東経【135】°の兵庫県明石市で太陽が南中したときを正午と定めている。

- 兵庫県明石市より東経の値が小さい（西にある）地域では，太陽が南中する時刻は正午よりも【遅い】。また，東経の値が大きい（東にある）地域では，太陽が南中する時刻は正午よりも【早い】。

- 360（°）÷24（時間）＝15より，経度が15°大きくなるごとに，太陽が南中する時刻は1時間ずつ【早く】なる。1時間＝60分なので，60（分）÷15（°）＝4より，経度が1°大きくなるごとに，南中時刻は4分ずつ【早く】なる。

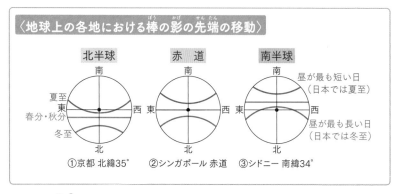

〈地球上の各地における棒の影の先端の移動〉

北半球	赤道	南半球

①京都 北緯35°　②シンガポール 赤道　③シドニー 南緯34°

- 赤道（緯度0°）にあるシンガポールで，春分，秋分の日の太陽は，【真東】の地平線から昇り天頂（高度90°）を通って【真西】の地平線へ沈むので，棒の影の先端は東西を結ぶ線となる，

- 南半球のシドニー（南緯34°）での太陽の日周運動は，東寄りの地平線から昇り【北】の空を通って西寄りの地平線へ沈む。したがって，正午の影は【南】の方角にできる。

ゼッタイに押さえるべきポイント

□日本国内でも東の端と西の端は，およそ30°の経度差がある。この経度差によって，太陽が南中する時刻には【2】時間の差がある。

□日本標準時は明石（東経135°）を基準にしている。日本で正午の時報がなったとき，横浜（東経140°）では太陽が南中してから【20】分が過ぎている。

□カイロ（東経30°）で12月10日19時のとき，日本（東経135°）は12月【11】日【2】時である。

□東京で，春分の日の日の出は5時45分，日の入りが17時53分のとき，南中時刻は【11】時【49】分である。　　　　　　　（立教池袋中など）

□図1は，6月の下旬にブラジルのリオデジャネイロで，地面に垂直に立てた棒の影の先端の動きを結んだ線である。太陽は真東よりも【北】の方角から昇って，正午には頭の真上よりも【北】の方角にある。　　（ラ・サール中など）

図1

入試で差がつくポイント　解説➡p156

□図2は，Aが赤道，Bが北緯23.4°，Cが北緯60°の各地点における夏至，春分，冬至の日の太陽の1日の動きを示したもので，観測者は常に半球の中心にいる。次の①～⑤に当てはまる地点をA～Cから選びなさい。なお，当てはまる地点がないときは×をつけなさい。　　　　　　（女子学院中など）

図2　(A)赤道　　　　　　　　(B)北緯23.4°　　　　　　　(C)北緯60°

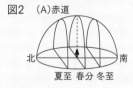

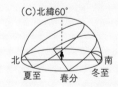

①夏至の日の正午を比べたとき，日差しが最も強くなる。　　　　【B】

②春分の日の正午を比べたとき，日差しが最も強くなる。　　　　【A】

③夏至の日を比べたとき，昼の長さが最も長くなる。　　　　　　【C】

④日差しが最も強い日が1年に2回ある。　　　　　　　　　　　【A】

⑤日差しが最も弱い日が1年に2回ある。　　　　　　　　　　　【×】

要点をチェック✎

〈太陽系〉

- 太陽，太陽の周りを公転する【惑星】，惑星の周りを公転する【衛星】，小惑星，彗星，太陽系外縁天体などをまとめて太陽系という。

〈太陽〉

- 直径が約140万km（地球の約【109】倍）で，水素やヘリウムでできている。表面温度は約【6000】℃，表面には黒点や【プロミネンス】が見られる。

〈太陽系の惑星〉

- 公転軌道が内側の順に，水星，金星，地球，火星，木星，土星，天王星，海王星の8個で，【水】星，【金】星，地球，【火】星は岩石でできていて，密度が大きい。【木】星と【土】星は主に水素やヘリウム，【天王】星と【海王】星は主にアンモニアやメタンの氷でできていて，密度が小さい。
- 直径が最大の惑星は【木】星で，地球の約【11】倍である。
- 密度が最小の惑星は【土】星で，1.0g/cm³を下回る。
- 自転軸が約90°かたむき，横倒しになって自転しているのは【天王】星である。

〈惑星の見え方〉

- 金星は地球よりも【内】側に公転軌道があるので，日の出直前の【東】寄りの空の低い位置か，日の入り直後の【西】寄りの空の低い位置でのみ見ることができる。太陽光を反射して輝くため，地球との位置関係によって見かけの形が大きく【満ち欠け】する。明け方に見える金星を【明けの明星】，夕方に見える金星を【宵の明星】とよぶ。

- 火星や木星などは地球よりも【外】側に公転軌道があるので，地球との位置関係によって，明け方や夕方だけではなく一晩中見ることができる。

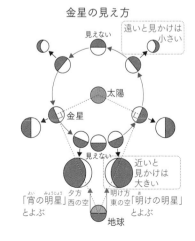

金星の見え方

ゼッタイに押さえるべきポイント

図1は，太陽の一部を模式的に表したものである。

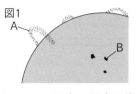

図1

□太陽の直径は地球の直径に対しておよそ【109】倍である。

□図1のAを【プロミネンス】という。

□太陽表面の温度は約【6000】℃であるが，図1のBの黒点の温度は約【4000】℃である。

（土佐塾中など）

□図2は，太陽とその周りを公転する地球と金星の公転軌道を表したものである。地球から宵の明星が観察できる金星の位置を，図のア〜カからすべて選びなさい。【オ，カ】

（光塩女子学院中等科など）

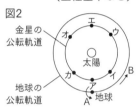

図2

□図3は，北極側から見た太陽と金星，地球，火星を表したものである。次の①，②に当てはまる惑星を，金星，火星，両方からそれぞれ選びなさい。

①地球との距離が変わるので，時期によって大きく見えたり，小さく見えたりする。【両方】

②夜中に見えることがある。【火星】

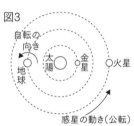

図3

入試で差がつくポイント　解説→p156

ある日，太陽・金星・地球が，図4のように並んだ。

□地球が公転する角度は，1年を365日として，小数第二位まで求めると，1日あたり【0.99】°になる。

□この日からおよそ600日後に，再び図4のような位置関係になる。金星が公転する角度を，小数第一位まで求めると，1日あたり【1.6】°になる。

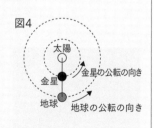

図4

要点をチェック

〈春の星座〉

- 春の大三角
  うしかい座の1等星【アルクトゥルス】
  おとめ座の1等星【スピカ】
  【しし】座の2等星デネボラを結ぶ。

- 春の大曲線
  おおぐま座の尾の部分，【北斗七星】
  のカーブをのばしたもので，アルクト
  ゥルス，スピカへとつながる。

- 春に見られる星座の1等星のうち，ス
  ピカは【青白】色，レグルスは【白】色，
  アルクトゥルスは【橙】色に光る。

〈夏の星座〉

- 夏の大三角
  はくちょう座の1等星【デネブ】
  わし座の1等星【アルタイル】
  こと座の1等星【ベガ】を結ぶ。
  この3個の1等星は，すべて【白】色
  に光る。

- 高度の低い位置には，【赤】色に光る
  1等星【アンタレス】をふくむ，さそ
  り座を見ることができる。

アルタイルは七夕の
「彦星(牽牛)」，ベガは
「織姫星(織女)」だね。

・・・・・・・・・・・・・・ 問題演習 ・・・・・・・・・・・・・・

ゼッタイに押さえるべきポイント 🖋

□次の星座の名称を,それぞれ答えなさい。(東京学芸大学附属世田谷中など)

【しし】座 　　　　　【おとめ】座 　　　　　【さそり】座

□アンタレスは【赤】色に光る1等星である。　　　　　　　　　　(攻玉社中)

□春を代表する星座で,アルクトゥルスという1等星をもつのは【うしかい】座である。

□図1は,夏の大三角とその周辺の星座をつくる星を表している。ア〜ウの1等星の名前と,それぞれをふくむ星座の名前をそれぞれ書きなさい。

(開智日本橋学園中・灘中など)

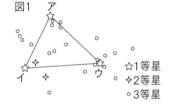

図1

☆1等星
✧2等星
○3等星

ア 【ベガ】,【こと】座

イ 【デネブ】,【はくちょう】座

ウ 【アルタイル】,【わし】座

📖✒ 入試で差がつくポイント 　解説→p156

リオデジャネイロで夜8時頃にさそり座と,夏の大三角が見えた。

□見えた時期として正しいものを,次のア〜エから1つ選びなさい。

(ラ・サール中など)

ア 2月　　イ 5月　　ウ 8月　　エ 11月　　　　　　　【ウ】

□見え方として正しいものを,次のア〜エから1つ選びなさい。

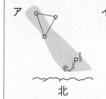

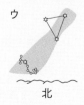
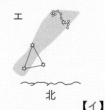

ア　　　　　　イ　　　　　　ウ　　　　　　エ

北　　　　　　北　　　　　　北　　　　　　北

【イ】

要点をチェック✏️

〈秋の星座〉

- 秋の大四辺形
  【アンドロメダ】座の星と，【ペガスス】座の３つの星を結ぶ。
- 高度の低い位置に，白色に光る１等星フォーマルハウトをふくむ，みなみのうお座を見ることができる。

〈冬の星座〉

- 冬の大三角
  オリオン座の【ベテルギウス】
  おおいぬ座の【シリウス】
  こいぬ座の【プロキオン】を結ぶ。
- ベテルギウスは【赤】色，プロキオンは【黄】色に光る。また，シリウスは【白】色に光る。

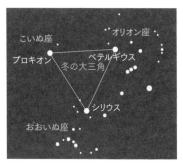

- 冬の大六角
  冬の大三角のシリウス，プロキオン
  オリオン座の【リゲル】
  おうし座の【アルデバラン】
  ぎょしゃ座の【カペラ】
  ふたご座の【ポルックス】を結ぶ。
- リゲルは【青白】色，アルデバランは【橙】色，カペラとポルックスは【黄】色に光る。
- おうし座には，青白色の若い恒星の集まりの【すばる】（プレアデス星団）がある。

「すばる」のような昔からあるよび方は，昔の文や短歌などに出てくることもあるよ。

ゼッタイに押さえるべきポイント ✏

□図1は，日本で東の空に見えた【オリオン】座を示したものである。【赤】色に光る1等星Aの名前は【ベテルギウス】，【青白】色に光る1等星Bの名前は【リゲル】である。

（高槻中・山脇学園中など）

図1

□冬に見られる星座で，プレアデス星団やアルデバランをふくむものは【おうし】座である。 （東洋英和女学院中学部など）

□プレアデス星団は，日本では【すばる】ともよばれていて，ハワイ島に設置されている日本の大型望遠鏡にも，その名が使われている。

（光塩女子学院中等科など）

□全天で最も明るく見える恒星は【シリウス】で，【おおいぬ】座にふくまれる。 （頌栄女子学院中・世田谷学園中など）

□冬の大三角が南の空に見えるときのようすを正しく表した図は【ウ】である。

ア　　　　　　イ　　　　　　ウ　　　　　　エ　　　　　　オ

（暁星中など）

📖 入試で差がつくポイント　解説➡p156

□星座をつくる星や太陽系は，銀河系という星の集団にふくまれている。天の川は，銀河系を横から見たものである。北半球において，天の川は，夏の夜空ではよく見えるが，冬の夜空ではうすくしか見えない。これは，地球が銀河系の外側に位置することが主な原因である。右の図を参考にして，夏と冬の天の川の見え方のちがいを説明しなさい。 （フェリス女学院中など）

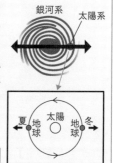

例：夏は銀河系の中心方向を見ているのでよく見えるが，冬は銀河系の外周方向を見ているので，うすくしか見えない。

図で見る重要ポイントのチェック ✎

〈地平線へ沈まない星座〉

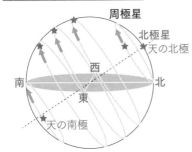

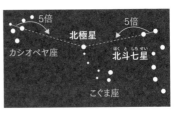

- 天の北極に近い恒星（星座）は，【北極星】の周りを回転するように見えて地平線へ沈まない。観測地点の【緯度】によって，沈まない範囲は変わる。
- 天の北極に最も近い恒星が【北極星】で，【こぐま】座にふくまれる。
- ひしゃくの形をした7個の星を【北斗七星】といい【おおぐま】座にふくまれる。
- W字形をした5個の恒星からできた【カシオペヤ】座がある。

〈星座早見盤の使い方〉

7月12日21時に見えている星座を調べる。

- 星座早見盤は，観察する方位を【下】に向けて，頭の上にかざして使う。
- 観察する【日付】と時刻を合わせる。
- 回転の中心には【北極星】がある。

日本の星座早見盤は，経度や緯度が違う外国では使えないんだ。

128

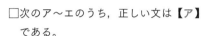

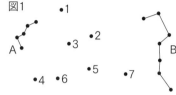

問題演習

ゼッタイに押さえるべきポイント ✏

図1は，2月4日の21時にさいたま市で見た北の空にある星を表したものである。

□次のア〜エのうち，正しい文は【ア】である。

ア Aは，カシオペヤ座である。　イ Aの中には，1等星がある。

ウ Bは，おおいぬ座の一部である。　エ Bの中には，1等星がある。

□北極星は，図1の1〜7のうち【3】である。　（國學院大學久我山中など）

図2は，日本の標準時を基準にした星座早見盤の模式図である。

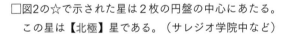

□aの方角は【東】，bの方角は【西】である。

（洛星中など）

□図2の☆で示された星は2枚の円盤の中心にあたる。この星は【北極】星である。（サレジオ学院中など）

□北の空を観察するときは，【北】の方を向き，星座早見盤を下の【ウ】のように持つ。東の空を観察するときは，【東】の方を向き，【エ】のように持つ。ただし，▲を下にする。　（横浜共立学園中など）

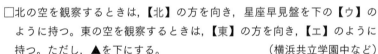

□この星座早見盤を，オーストラリアで使うことはでき【ない】。

（お茶の水女子大学附属中など）

📖 入試で差がつくポイント　解説→p156

□図2の星座早見盤で東京都内（東経139度）の星空を観察したところ，少しずれていた。このずれを修正するには，図2の円盤1を，どちら回りに何度動かせばよいか。　（早稲田中など）

【左（反時計）】回りに【4】度

テーマ62 星 星座の日周運動

図で見る重要ポイントのチェック ✏️

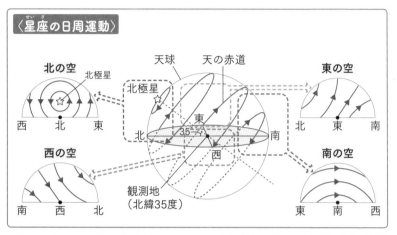

〈星座の日周運動〉

- 星座の日周運動は，太陽や月の日周運動と同様に，地球が【西】から【東】へ【自転】することで起こる見かけの運動である。

- 北の空

  360（°）÷24（時間）より，1時間あたり【15】°の割合で，【左（反時計）】回りに回転して見える。また，【北極】星は地球の自転軸である【地軸】のほぼ延長上にあるので，ほとんど動かない。

- 東の空

  すべての恒星は，地平線から昇るような運動をする。天の赤道（天球の赤道）上にある恒星（オリオン座の三つ星の右端のミンタカ）は，【真東】の地平線から昇る。

  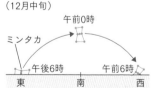

  （12月中旬）

- 南の空

  1時間あたり【15】°の割合で，【東】から【西】へ動いて見える。

- 西の空

  すべての恒星は，地平線へ沈むような運動をする。天の赤道上にある恒星（ミンタカ）は，【真西】の地平線へ沈む。

> オリオン座は横向きで昇ってきて，ななめ向きで沈むんだね。

ゼッタイに押さえるべきポイント

図1は，日本のある地点で，東，西，南，北それぞれの空を，一定時間カメラのシャッターを開けたままにして撮った写真から星の動きを表したものである。

図1

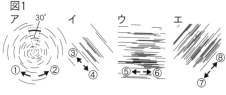

□アは【北】，イは【西】，ウは【南】，エは【東】の空である。

（横浜雙葉中など）

□星が動いて見える向きは，アは【②】，イは【④】，ウは【⑥】，エは【⑧】である。

□アの中央にあり，回転の中心とほぼ一致する星を【北極星】という。

□アで，星は30°回転しているので，これはシャッターを【2】時間開けたままにして撮ったものである。 （横浜共立学園中など）

□図2は，7月の下旬の晴れた日，20時から1時間ごとに夜空の星をスケッチしたものであり，A，B，Cは夏の大三角をつくる星である。3枚のスケッチ①～③を，観察時刻の早いものから順に並べると，【②】→【①】→【③】となる。

図2

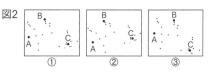

入試で差がつくポイント　解説→p156

□図3のあ～うは，横浜で観測される星座が天球上を日周運動しているようすである。あ～うの経路を通る星座を，次の1～5から1つずつ選びなさい。

あ【2】　い【1】　う【3】

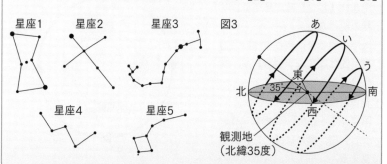

図で見る重要ポイントのチェック ✎

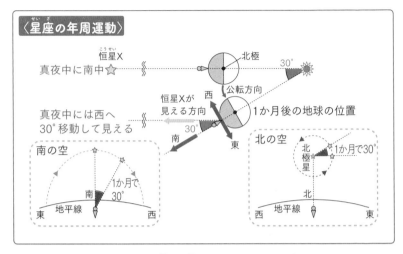

〈星座の年周運動〉

- 星座の年周運動は，地球の【公転】による見かけの運動である。
- 1か月後，同じ星座が同じ時刻に見える位置は，360（°）÷12（か月）より，南の空では約【30】°【西】の方角へ移動する。北の空では天の北極（ほぼ北極星の位置）を中心として約【30】°【左（反時計）】回りに回転した位置に見える。

〈季節による星座の見える位置と時間〉

- 夏の夕方
  太陽と同じ西にあるのは【おうし】座，東には【さそり】座，南には【しし】座が見える。
- 秋の明け方
  太陽と同じ東にあるのは【しし】座，西には【みずがめ】座，南には【おうし】座が見える。
- 春の真夜中
  東には【さそり】座，西には【おうし】座，南には【しし】座が見える。

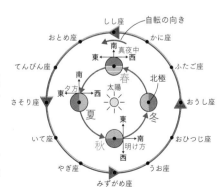

ゼッタイに押さえるべきポイント

北半球のある地点で，2月10日午後8時に南の空を見ると，図1のCの位置にオリオン座が見えた。　　　　　　　　（桐蔭学園中など）

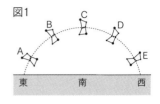

図1

□2月10日午後10時にオリオン座が見える位置は，図1のA～Eのうち【D】である。

□2月10日から2か月後の午後6時には，オリオン座が見える位置は，図1のA～Eのうち【D】である。　　　　　　　　（横浜雙葉中など）

図2は，12月10日午後7時，東京の東の空に見えたオリオン座をスケッチしたものである。

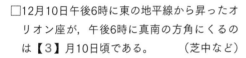

図2

□12月10日以降，オリオン座が東から昇る時刻は【早】くなる。

□12月10日午後6時に東の地平線から昇ったオリオン座が，午後6時に真南の方角にくるのは【3】月10日頃である。　　　（芝中など）

□図3のように，8月上旬の午後8時に，北の空に北斗七星が見えた。2か月後の10月上旬の午後8時に見たとき，北斗七星は図3のア～エのうち【エ】の位置に見える。　　（駒場東邦中など）

図3

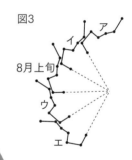

入試で差がつくポイント　解説→p156

図4は，ある日の午後9時に見えたカシオペヤ座をスケッチしたものである。
　　　　　　　　（国府台女子学院中等部など）

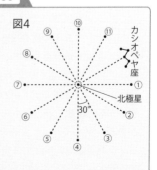

図4

□この日の午後7時に，カシオペヤ座は図の【①】の位置に見えた。

□この日の5か月後の午後9時に，カシオペヤ座は図の【⑦】の位置に見える。

□この日の4か月前に，カシオペヤ座が③の位置に見えたのは午後【11】時ごろである。

要点をチェック

〈恒星の色〉

- 恒星の光る色は，【表面温度】のちがいによる。

色	表面温度	主な恒星
青白	約12000℃	【リゲル】（オリオン座），【スピカ】（おとめ座）
白	約10000℃	【シリウス】（おおいぬ座），ベガ（こと座）
黄	約6000℃	プロキオン（こいぬ座），カペラ（ぎょしゃ座）
橙（だいだい）	約4500℃	アルデバラン（おうし座），アルクトゥルス（うしかい座）
赤	約3000℃	【ベテルギウス】（オリオン座），【アンタレス】（さそり座）

- 恒星の1つである太陽の光は黄色で，表面温度は約【6000】℃である。

〈恒星の明るさ〉

- 恒星を明るさで区分すると，最も明るいグループが【1】等星で，21個ある。また，肉眼で見える最も暗い星が【6】等星である。
- 1等星は6等星より【100】倍明るい。つまり，等級が1大きくなると，明るさは約【2.5】倍になる。

〈恒星までの距離と明るさ〉

- 恒星までの距離は，光が【1】年間に進む距離を単位として【光年】で表される。
- 星が出す光の量（光度）にもよるが，近くにあると【明るく】見え，遠くにあると【暗く】見える。

〈大きさのちがい〉

例　デネブ……地球から約1400光年の距離
　　　　　　　（1等星では最も遠い）
　　　　　　　太陽の約108倍の大きさ
　　シリウス…地球から約8.6光年の距離
　　　　　　　（恒星の中では近い方）
　　　　　　　太陽の約1.6倍の大きさ
地球からの距離をそろえて比べることができたら，シリウスは太陽の約25倍，デネブは太陽の約54400倍明るいと考えられる。

星の等級は，小数やー（マイナス）を使って細かく表すこともあるよ。この方法で表すと，シリウスはー1.46等星になるんだ。

ゼッタイに押さえるべきポイント ✏️

表は，恒星の表面温度と色についてまとめたものである。

表面温度	3500	5000	7500	11000	（℃）
色	A	B	C	D	E
代表的な星	アンタレス	アルデバラン	プロキオン	シリウス	リゲル

□表のA～Eに当てはまる色の組み
合わせとして正しいものは，右の
ア～エのうち，【ウ】である。
（金蘭千里中・四天王寺中など）

	A	B	C	D	E
ア	赤	黄	橙	青白	白
イ	赤	橙	黄	青白	白
ウ	赤	橙	黄	白	青白
エ	赤	黄	橙	白	青白

□ベガは0.0等級，北極星は2.0等級の明るさである。等級が1つ上がると，
明るさは2.5倍になることから，ベガと北極星では，【ベガ】の方が【6.25】
倍（小数第二位まで）明るい。

□オリオン座のベテルギウスは【赤】く，リゲルは青白く光っている。これは，
リゲルの方が【表面温度】が【高】いからである。

（光塩女子学院中等科など）

□白く光っている3つの1等星A～Cが同じ方角に見えており，地球からの距
離はそれぞれ，Aは25光年，Bは1400光年，Cは17光年である。2つの恒
星間の距離が最も近いのは【A】と【C】である。これらの星の明るさを，
同じ距離で比べた場合，最も明るいのは【B】と考えられる。

📖 入試で差がつくポイント　解説→p156

□星の明るさと距離の関係は，右図の
ように考えることができる。距離が
離れるほど，光が届く面積が増える
かわりに，同じ面積で比べた場合の

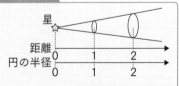

光の量が減る，つまり，明るさが減っていくといえる。距離が2倍，3倍，…
になると，明るさはどのようになるか，簡単に説明しなさい。

（桐朋中・四天王寺中など）

例： $\dfrac{1}{4}$，$\dfrac{1}{9}$，…となる（距離×距離に反比例して減る）。

要点をチェック

〈雲のでき方〉

- 地表付近の空気は，あたためられると上昇する。高いところでは気圧が【低く】なるので，空気は膨張して気温が【下】がる。
- 気温が下がった空気は，飽和水蒸気量が【小さ】くなり，ふくみきれなくなった水蒸気は水滴となって現れる。このときの温度を【露点】という。
- 現れた細かい水滴が集まっているのが【雲】で，気温が0℃以下になると水滴は【氷】の結晶となる。空気中の水蒸気が地表付近で水滴になったものが【霧】である。
- 水滴や氷の結晶が上昇気流で支えられなくなると，【雨】や雪などとして地表に降る。
- 湿った空気が山を越えてふもとに降りるとき，山を越える前よりも空気の温度が【上】がる現象を【フェーン】現象という。

〈雲のでき方〉

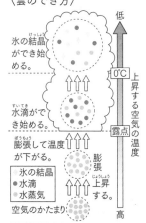

〈雲の種類〉

高さ	雲の名前（別名）	
高い	巻雲（すじ雲） 巻積雲（うろこ雲） 巻層雲	積乱雲（入道雲） 積雲（わた雲）
中くらい	高積雲（ひつじ雲） 高層雲 乱層雲（雨雲）	
低い	層積雲 層雲	

- 高さ（巻・高・なし）と形（層・積），【雨】を降らせるかどうか（乱）でおおまかに分類されている。

ゼッタイに押さえるべきポイント

□上空は気圧が【低】いので，上昇した空気は【膨張】して温度が【下】がる。

（山脇学園中・海陽中など）

□気温が下がっていくと，ある温度で水滴が生じ始める。このときの温度を【露点】という。

（早稲田大学高等学院中学部など）

□図1は雲のでき方を表している。雲ができ始める高さは【イ】と考えられる。

（西大和学園中など）

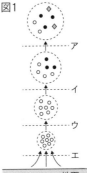

図1

◇氷の粒
●水滴
○水蒸気

地面

□図2で，積乱雲は【コ】，ひつじ雲は【カ】である。

（本郷中など）

□図2で，雨雲とよばれるのは【キ】の【乱層】雲である。

（西大和学園中など）

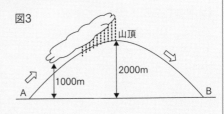

図2

雲の高さ

10km

5km

地表

ア オ ク
イ カ
ウ エ キ ケ コ

層(霧)状の雲

□水蒸気をふくんだ空気が山を越えるとき，風下側の気温が【上】がる。この現象を【フェーン】現象という。

（頌栄女子学院中など）

入試で差がつくポイント　解説→p157

標高0mのA地点で32℃の空気が，図3のように標高2000mの山を越え，B地点まで移動した。空気の温度は，100m上昇するごとに，雲がない所では1℃，雲がある所では0.5℃ずつ下がるものとして，以下の問いに答えなさい。

図3

山頂

2000m

1000m

A　　　　　　　　B

□雲ができ始めた1000m地点の気温は【22】℃である。　（灘中など）

□山頂の気温は【17】℃である。　（須磨学園中・西大和学園中など）

□標高0mのB地点の気温は【37】℃である。　（東京都市大学付属中など）

要点をチェック

〈偏西風〉

- 地球が【西】の方角から【東】の方角へ自転
していることで，日本の上空には【偏西風】
という風が年間を通して吹いている。

偏西風

- 低気圧や高気圧は，日本の上空をおおむね
【西】の方角から【東】の方角へ移動するため，
天気も【西】の方角から【東】の方角へ変化
していく。

（例）連続した3日の雲のようす

  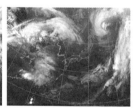

- 雲は，偏西風の影響で【西】の方角から【東】の方角へ移動している。この
ため，天気も【西】の方角から【東】の方角へ変わっていく。

- 南の海でできた台風は北東貿易
風にのって北西へ進んだのち，
【太平洋】高気圧にそって北上し
たあと，【偏西】風にのって進路
を東向きに変える。

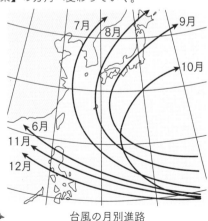

7月　8月　9月

10月

6月

11月

12月

台風の月別進路

低気圧の中心付近の風向
が反時計回りになるのも，
地球の自転の影響だよ。

138

ゼッタイに押さえるべきポイント✐

□雲画像Ａ〜Ｃを，時間の経過の順に並べると，【Ｂ】→【Ｃ】→【Ａ】になる。

（開成中など）

　　　　　　　Ａ　　　　　　　Ｂ　　　　　　　Ｃ

□季節風とは異なり，中緯度においてほとんど常時吹いている西寄りの風を【偏西風】という。

（巣鴨中など）

□台風は，発生してしばらくの間は貿易風の影響を受けて【西（北西）】寄りに進み，その後【太平洋】高気圧から吹き出す風にのって北上する。日本に近づいてくると，【偏西】風の影響を受けて【東】寄りに進路を変える。

（鎌倉女学院中・須磨学園中など）

📖✎ 入試で差がつくポイント　解説→p157

雲画像Ａ〜Ｃは，3日連続した雲画像で，日付順には並んでいない。また，この3日間の午前9時に東京で後の実験を行い，表のような結果を得た。

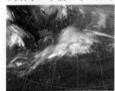  

　　　　　　　Ａ　　　　　　　Ｂ　　　　　　　Ｃ

＜実験＞

・3本のペットボトルに実験室の空気を入れ，ふたをきつく閉めた。このとき，3本のペットボトルは外側も内側も何も変化は起こらなかった。

・このうち2本を氷水の入った水槽に入れた。しばらく経ったあと持ち上げ，タオルでよくふいて，残った1本と比較した。

結　果	Ｄ日	Ｅ日	Ｆ日
氷　水	ペットボトルが少しへこんだ。内側は少しくもっていた。	ペットボトルが少しへこんだ。内側は少しくもっていた。	ペットボトルが少しへこんだ。内側は中が見えないくらいくもっていた。

□Ｆ日の雲画像は，Ａ〜Ｃのうち【Ａ】で，3日間の【3】日目である。

（筑波大学附属中など）

図で見る重要ポイントのチェック

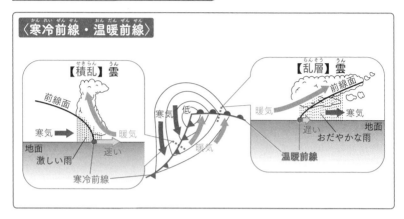

〈寒冷前線・温暖前線〉

- 暖かい空気のかたまりと冷たい空気のかたまりが接すると，すぐには混ざり合わず，性質のちがう空気のかたまりが接する【前線面】ができる。
- 前線面が地表と接する線を【前線】という。
- 寒気が暖気の下へもぐり込むことで【寒冷】前線ができる。【積乱】雲ができるため，【強い】雨が狭い範囲に【短い】時間降る。
- 暖気が寒気の上にはい上がることで【温暖】前線ができる。【乱層】雲ができるため，【弱い】雨が広い範囲に【長い】時間降る。
- 北半球では，寒冷前線は低気圧の【南西】方向，温暖前線は低気圧の【南東】方向へのびる。温暖前線より寒冷前線の方が【速】く進む。

〈停滞前線〉

- 勢力が同じ程度の暖かい空気のかたまりと冷たい空気のかたまりが接すると，あまり動かない前線ができる。このような前線を【停滞】前線という。この前線がとどまると，くもりや雨の日が続く。
- 6月中旬〜7月上旬にできる停滞前線を【梅雨】前線といい，夏が近づくと小笠原気団が勢力を強めるので【北】の方角へ移動しながら消滅する。
- 9月中旬〜10月中旬にできる停滞前線を【秋雨】前線といい，冬が近づくとシベリア気団が勢力を強めるので【南】の方角へ移動しながら消滅する。
- 停滞前線に暖かく湿った風が吹き込むことなどによって，積乱雲が次々と連なる【線状降水帯】ができると，せまい地域に，強い雨が降り続ける。

ゼッタイに押さえるべきポイント

図1は，日本付近を移動する低気圧を模式的に表したものである。

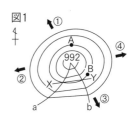

図1

□低気圧が移動する方向は，図1の①～④のうち【④】である。

□低気圧の中心付近からのびる前線 a，b の正しい図は，次のア～エのうち【ア】である。

（サレジオ学院中など）

□前線 a は【寒冷】前線，前線 b は【温暖】前線である。　（須磨学園中など）

□図1のX－Yの直線で切ったとき，地表面に垂直な大気のようすとして正しい図は次のア～エのうち【エ】である。

□前線 b がB地点に近づくとともに，B地点の天気は，くもりから【弱】い雨に変わり【長】い時間降り続いた。前線 b が通過すると，風は東寄りから【南】寄りに変わり，気温は【上が】った。

入試で差がつくポイント　解説→p157

□ある地域を前線が通過しているとき，8か所の観測点A～Hで気温を測定したところ，図2のような分布となった。このとき，前線が通っていると考えられるのは次のア～オのうち【ウ】である。

（女子学院中など）

図2

北

A 11°C　B 10°C　C 10°C　D 19°C
E 16°C　F 15°C　G 22°C　20°C

図で見る重要ポイントのチェック ✏

〈春の天気〉

- 偏西風により【移動性】高気圧と低気圧が交互に通過するため，暖かい日と寒い日（雨やくもりの日と晴れの日）が3〜4日周期で交互に訪れる【三寒四温】とよばれる天気になる。

〈梅雨の天気〉

- オホーツク海気団と小笠原気団の勢力が同じくらいで，【梅雨】前線とよばれる停滞前線ができるため，【雨】が続く。

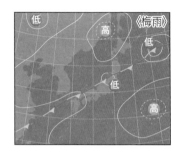

〈夏の天気〉

- 【太平洋】高気圧におおわれる南高北低型とよばれる気圧配置となる。【南東】の季節風が吹き，蒸し暑い日が続く。

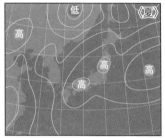

〈台風〉

- 熱帯低気圧のうち最大風速が【17.2】m/s以上になったものを【台風】といい，夏の終わりから秋にかけて日本付近を通るものが多い。
- 台風の中心では【反時計（左）】回りに吹き込む風が吹くので，台風の【東】側では，風や雨が強まる。

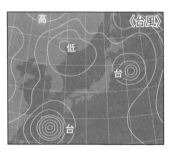

〈冬の天気〉

- 【シベリア】気団が勢力を強めて，等圧線が縦に並ぶ【西高東低】型の気圧配置となり，強い【北西】の季節風が吹く。雲写真では，【すじ】状の雲がみられる。
- 日本海側では【雪】が降ることが多く，太平洋側は乾燥した【晴天】が続く。

ゼッタイに押さえるべきポイント ✏️

下の天気図A〜Dについて，次の問いに答えなさい。　　　（洗足学園中など）

　　　A　　　　　　　B　　　　　　　C　　　　　　　D

☐梅雨の天気図は【A】である。

☐天気図Dは，【冬】の天気図であり，この季節に勢力が大きくなり，日本の天気に大きな影響を与えるのは【シベリア】気団である。

☐天気図Dの季節に，日本海側でおこりやすい天気は次のア〜エのうち【イ】である。

　ア　蒸し暑く晴れが多い。　　イ　雪が降りやすく，大雪になることもある。
　ウ　空気が乾燥し晴れが多い。　　エ　台風が通過することが多い。

☐台風で，風が強くなるのは進行方向の【東（右）】半分である。

　　　　　　　　　　　　　　　　（東京農業大学第一高等学校中等部など）

右の図のA〜Dは，日本の天気に影響を与える４つの気団である。

　　　　　　　　　　（浦和明の星女子中など）

☐8月に勢力が強くなる気団は【D】である。

☐気団Bの湿度は【低】いが，勢力を強める季節に気団Bから吹き出した風は，日本を通るときに湿度が【高】くなっている。

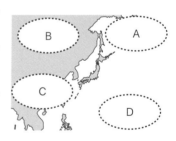

📖 入試で差がつくポイント　解説→p157

☐台風が上陸すると勢力がおとろえる理由を，簡単に答えなさい。
　　　　　　　　　　　　　　　　（広尾学園中・淳心学院中など）

　例：（海から）水蒸気が供給されなくなり，地上とのまさつでエネルギーを失うから。

図で見る重要ポイントのチェック ✎

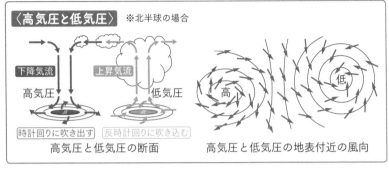

〈高気圧と低気圧〉 ※北半球の場合

下降気流　高気圧　上昇気流　低気圧

時計回りに吹き出す　反時計回りに吹き込む

高気圧と低気圧の断面　　高気圧と低気圧の地表付近の風向

- 周囲よりも気圧が高いところを【高気圧】, 低いところを【低気圧】という。
- 高気圧の中心付近には【下降】気流があり, 雲が【消え】やすい。低気圧の中心付近には【上昇】気流があり, 雲が【でき】やすい。
- 風は【高】気圧から【低】気圧に向かって吹く。北半球における地表付近の風は, 高気圧から【時計（右）】回りに吹き出し, 低気圧には【反時計（左）】回りに吹き込んでいる。

〈海風と陸風〉

- 空気があたためられると【上昇】気流が生じる。つまり, 気圧が【低】くなる。
- 地面と水面では,【地面】の方があたたまりやすく, 冷めやすい。
- 海岸付近では, 昼間は【陸上】の気温の方が高くなり, 気圧が【低】くなる。そのため,【海】から【陸】に向かって風が吹く。これを【海】風という。

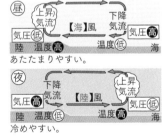

昼　上昇気流　下降気流　気圧低　【海】風　気圧高　陸　温度高　温度低　海　あたたまりやすい。

夜　下降気流　上昇気流　気圧高　【陸】風　気圧低　陸　温度低　温度高　海　冷めやすい。

- 反対に, 夜は【海上】の気温の方が高くなり,【陸】から【海】に向かう【陸】風が吹く。明け方や夕方は風がやむ【凪】になる。

> 季節風の吹き方も,
> 海風・陸風と同じ考え
> 方で説明できるね。

ゼッタイに押さえるべきポイント✐

☐右の①〜④のうち，北半球における地上付近の風の吹き方は，高気圧が【①】，低気圧が【②】である。
（明治大学付属明治中など）

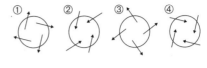

☐右の図は，高気圧と低気圧で見られる空気の流れを表している。雲の有無から，アが【低】気圧，イが【高】気圧である。

☐右の図の①〜④について，適切な風向きを上下左右で答えなさい。
（洗足学園中など）

①【上】②【右】③【下】④【左】

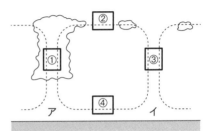

☐海岸付近では，昼間，【陸】の方が【海】より気温が高くなり【上昇】気流を生じるので，【海】から【陸】に向かう【海】風が吹く。夜間はその逆で，【陸】風が吹く。　（開智日本橋学園中・巣鴨中など）

☐大陸と海洋では，【大陸】の方があたたまりやすく，冷めやすい。したがって，日本付近では，冬には【大陸】から【海洋】に向かって風が吹く。このように，1年の中で決まった時期に日本上空に吹く風を【季節】風という。　（公文国際学園中等部など）

📖 入試で差がつくポイント　解説→p157

☐台風の中心が，図1の「×」にあるとき，A〜G地点の風向として最も適当なものを選びなさい。

①A地点：北西　②B地点：南東
③C地点：北　　④D地点：東
⑤E地点：西　　⑥F地点：北東
⑦G地点：北西

【④】

図1

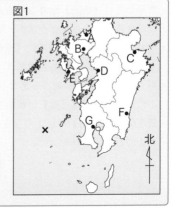

要点をチェック

〈空気中の水蒸気と湿度〉

- 空気中には水蒸気がふくまれている。空気1m³がふくむことのできる水蒸気の最大量（g）を【飽和水蒸気量】といい，気温が高いほど多くなる。
- 飽和水蒸気量に対する実際にふくまれている水蒸気量の割合を【湿度】という。
- 湿度は，乾湿計の【乾球】温度計の値と，（乾球温度計と湿球温度計の温度の差）から，乾湿計用湿度表を使って求めることができる。
- 湿度を計算で求める場合は，次の公式を使う。
  湿度（％）＝空気1m³の水蒸気量÷その気温での飽和水蒸気量×100
  （例）気温が30℃で1m³中に20.0gの水蒸気をふくむ空気の湿度は下のグラフから，20.0÷30.4×100＝【65.7】…より，およそ【66】（％）

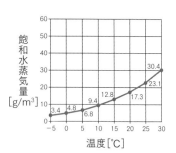

乾湿計

乾球温度計 13℃　湿球温度計 11℃

ガーゼ
水

湿度表

乾球の示度〔℃〕	乾球と湿球の示度の差〔℃〕						
	0.0	0.5	1.0	1.5	2.0	2.5	3.0
15	100	94	89	84	78	73	68
14	100	94	89	83	78	72	67
13	100	94	88	83	77	71	66
12	100	94	88	82	76	70	65
11	100	湿度		81	75	69	63
10	100	93	87	80	74	68	62
9	100	93	86	80	73	67	60

飽和水蒸気量〔g/m³〕

温度〔℃〕

3.4　4.8　6.8　9.4　12.8　17.3　23.1　30.4

〈天気と気温・湿度〉

- 太陽の光は【地面】をあたためる。それによって【空気】があたたまる。
- 雲は太陽の光をさえぎるほか，地面から逃げる【熱】もさえぎる。
- 晴れの日は，日の出直前に【最低】気温，午後2時頃に【最高】気温が観測される。気温が上がると湿度は【下】がる。
- 雨やくもりの日は，朝からあまり気温が上がらず，気温の変化は【小さ】い。このため，湿度は【高】い状態を保ったまま変化が【小さ】い。
- 最高気温が【25】℃以上の日を夏日，【30】℃以上の日を真夏日，【35】℃以上の日を猛暑日という。

ゼッタイに押さえるべきポイント ✏

表は，温度と飽和水蒸気量との関係を表したものである。

温度（℃）	20	21	22	23	24	25	26	27	28
飽和水蒸気量（g/m³）	17.3	18.4	19.4	20.6	21.8	23.1	24.4	25.8	27.2

☐25℃で1m³あたり17.3gの水蒸気がふくまれている空気の湿度は，小数第
　一位を四捨五入すると【75】％である。　　　　　　　　　（金蘭千里中など）

☐図1は，ある月の10日0時から
　12日の0時までの気温，湿度
　および露点を観測し，まとめ
　たものである。11日0時の天
　気は【雨】，11日12時の天気
　は【晴れ】と考えられる。

図1

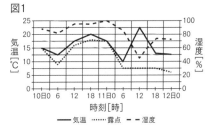

――気温 ……露点 －－湿度

☐図2は，乾湿計の乾球と湿球が
　示した温度および湿度表であ
　る。気温は【19】℃，湿度は
　【90】％である。
　　　　（中央大学附属横浜中など）

図2

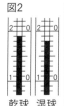

乾球　湿球

乾球の示度〔℃〕	乾球と湿球の示度の差〔℃〕				
	0.0	0.5	1.0	1.5	2.0
20	100	95	90	86	81
19	100	95	90	85	81
18	100	95	90	85	80
17	100	95	90	85	80

📖 入試で差がつくポイント　解説➡p157

☐よく晴れた日は1日の気温の変化が大きい。その理由を日中，夜間の気温
　の変化を示して説明しなさい。

> 例：日中は太陽が地表をあたため，地表の熱が空気に伝わり気温が上がり，
> 　　夜間は空気のもっている熱が宇宙へ出ていくので，気温が下がるから。

☐乾湿計で湿球温度計の方が温度が低くなる理由を簡単に説明しなさい。
　　　　　　　　　　　　　　　　　　　　　　　　　　　　（海陽中など）

> 　例：湿球のガーゼから水が蒸発するときに，湿球から熱をうばうから。

テーマ71 天気 気象観測

要点をチェック

〈気温のはかり方〉

- 気温は,【1.2～1.5】mの高さの【日なた】で,【直射日光】が温度計に当たらないようにしてはかる。温度計は,【上】の部分をもつ。
- 温度計の目盛りを読むときは,目の高さを目盛りとそろえる。
- 気温をはかるための条件がそろうようにつくられたのが【百葉箱】である。

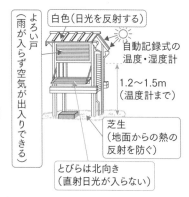

よろい戸（雨が入らず空気が出入りできる）

白色（日光を反射する）

自動記録式の温度・湿度計

1.2～1.5m（温度計まで）

芝生（地面からの熱の反射を防ぐ）

とびらは北向き（直射日光が入らない）

〈自動気象データ収集システム（アメダス）〉

- 気象観測所では降水量,気温,風向・風速,【日照時間】などを自動的に計測してデータを気象庁に送っている。観測所は全国に約【1300】か所ある。また,積雪の深さを計測している所もある。このようにして気象データを集めるしくみを【地域気象観測システム】といい,英語にしたときの頭文字から【アメダス】とよばれる。

〈気象とその表し方〉

- 降水がないときは空全体を10として,雲がおおう割合（雲量）で天気を決める。雲量0～1は【快晴】,2～8は【晴れ】,9～10は【くもり】。
- 天気は次のような記号で表す。

快晴	晴れ	くもり	雨	雪	あられ
○	◐	◎	●	⊗	△

〈風向・風力〉

- 風向は【16】方位で表す。
- 風力は0から【12】まであり,矢ばねの数で表す。

北北西 北 北北東
北西　　　　北東
西北西　　　　東北東
西　　　　　　東
西南西　　　　東南東
南西　　　　南東
南南西 南 南南東

天気図記号　…風向：北北東
…風力：3
…天気：くもり

- 風速は,風向風速計を地上【10】mの高さに設置してはかる。
- 平均風速は10分間の平均,瞬間風速は3秒間の平均である。

ゼッタイに押さえるべきポイント ✎

次の問いに答えなさい。 （日本女子大学附属中など）

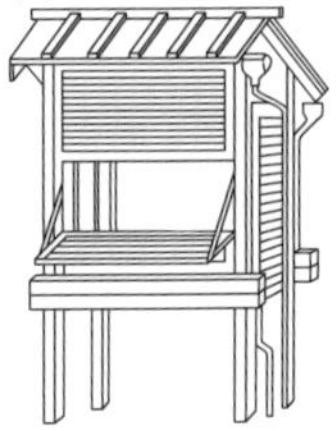

□図1は，【百葉箱】で，気温を正確にはかるくふうがされている。

図1

□図1について，気温を正確にはかるくふうとして正しくないものは，次のア〜エのうち【エ】である。
　ア　太陽の光による影響を防ぐため，白くぬられている。
　イ　熱を伝えないように木でできている。
　ウ　地面からの熱による影響を防ぐため，芝生の上に設置されている。
　エ　雨や風が入らないように，かべはよろい戸とする。

□【アメダス】は，全国1300か所で自動的に計測した気温や雨量などのデータをまとめているシステムである。 （明治大学付属中野中など）

□気温は，地面からの高さが【1.2〜1.5】mで，【風通し】がよい【日なた】の空気の温度をはかる。 （東京学芸大学附属世田谷中など）

□温度計の目盛りの正しい読み方を表しているのは図2の【イ】である。 （本郷中など）

図2

□百葉箱のとびらは，【北】の方角に向けてある。これは，とびらを開けたときに【直射日光】が入らないようにするためである。 （高槻中など）

□風速は，風向風速計を地上【10】mの高さに設置してはかる。平均風速は【10】分間の平均である。風向は，【16】方位で表す。 （世田谷学園中など）

📖 入試で差がつくポイント　解説→p157

□図3は，受水器の直径が20cmの簡易雨量計である。貯水びんにたまった雨を直径4cmの円筒形の容器に移し入れたところ，水の深さが20cmになった。このときの雨量は【8】mmである。

（鴎友学園女子中・雙葉中など）

図3

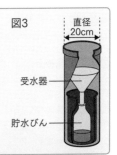

直径20cm

受水器

貯水びん

テーマ01 光合成のはたらき

① 光合成には二酸化炭素が必要である。気体は温度が上がるほど,水に溶けにくくなる。

② つくられたデンプンは夜の間に体全体に運ばれるので,葉にふくまれるデンプンの量は,よく晴れた日の午後には多く,明け方には少ないと考えられる。

テーマ02 光合成の実験

① 青色のBTB溶液が黄色になったのは,呼気にふくまれる二酸化炭素が水に溶けたためである。光合成でその二酸化炭素が消費されると,もとの青色にもどる。

テーマ03 呼吸のはたらき

① 光合成に使われた二酸化炭素の量は,植物Aが矢印ウの長さで150,植物Bが45+20=65。

② 草原から森林に変わる間は,地表に光がよく当たるので,植物A(陽樹)の森林ができる。森林ができると地表に届く光が弱くなるので,植物B(陰樹)だけが育つようになる。長い年月の間に植物Aが植物Bに置き換わっていき,植物Bの森林になって安定する。

テーマ04 呼吸の実験

① 水は二酸化炭素を吸収しないので,赤インクが移動した量は,呼吸によって出入りした気体の合計量(体積)の変化を示す。

テーマ05 蒸散のはたらき

① 植物は蒸散を行うことで水を吸い上げる。

② スイレンの葉は水に浮いているので,葉の裏側は水中にある。つまり,葉の裏に気孔があっても気体の出入りができない。

テーマ06 蒸散の実験

① サボテンが生育しているのは,高温で雨が少ない砂漠である。

② 蒸散には,熱を放出して植物の体温を下げるはたらきもある。水不足で蒸散量が少なくなると,放出される熱も少なくなるので,体温が下がりにくくなる。

テーマ07 花のつくりとはたらき

① 実験を行うときは,比べる条件以外の条件をそろえないと,結果のちがいが何によって現れたのかが確かめられなくなってしまう。

テーマ08 花の分類①

① Bのグループは雄花と雌花をつける。

テーマ09 花の分類②

① アブラナは胚珠が子房の中にある被子植物,マツは胚珠がむき出しの裸子植物である。

テーマ10 葉のつくりとはたらき

① 葉の表側の面に葉緑体をふくむ細胞を隙間なく並べることで,光をできるだけ逃がさずに受けられるようにしている。

テーマ11 茎のつくりとはたらき

① 道管は残っているので，地上部分は生きることができるが，師管がなくなったので，光合成でつくられた養分が地下まで運ばれなくなってしまう。

テーマ12 根のつくりとはたらき

① できたばかりの細胞は，やわらかいので，かたいつくりで守っている。

テーマ13 種子のつくり

① 単子葉類の種子とカキは胚乳に栄養分をたくわえている。
② ダイズはタンパク質，イネ，トウモロコシはデンプンをそれぞれ多くたくわえている。
③ 発芽の条件は酸素，水，適当な温度である。

テーマ14 発芽の条件とその実験

① インゲンマメの種子で発芽した⑤が，レタスの種子では発芽しなかったのだから，②と⑤でちがっている条件，つまり光が影響するといえる。

テーマ15 ジャガイモとサツマイモ

① 親いものからだの一部が子いもとなることで増えたいもは，病気への抵抗力も親いもと同じになってしまうので，病気が流行すると，すべてのいもがかれてしまうおそれがある。

テーマ16 受粉

① 虫媒花は，虫などが花に止まって雄しべや雌しべに触れることで受粉できるようになっているが，この虫は花に止まらないので，花は受粉ができない。

テーマ17 遺伝と遺伝子のはたらき

① 外側から順に，がく・花びら・花びら・がくとなり，雌しべができないから種子ができない。このような花を「八重咲き」という。

テーマ18 秋の植物

① マジックテープは，オナモミのようにくっつく種子を参考につくられたとされる。このように，生物の特徴をまねしてものづくりに応用する技術を，バイオミメティクスという。

テーマ19 冬の植物

① 花がさく時期に注目する。花芽ができるのは，それより前の時期である。
② 葉をつけているということは，光合成ができるということである。

テーマ20 昆虫の体のつくり

① マツモムシのあしは，ボートをこぐオールのようなつくりになっている。なお，マツモムシはあおむけになって（背泳ぎで）泳ぐことでも知られている。

テーマ21 昆虫の育ち方

1. あしのついている部分を胸と呼ぶことに注意する。

2. アはセミ，イはハエ，ウはチョウ，エはカ，オはバッタ，カはカブトムシの口を示している。

テーマ22 モンシロチョウ

1. 成長が止まるときの温度をxとして，問題の式に，表の数値を当てはめる。
   $28℃$の場合，$(28-x)×10=200$となるから，①が$8℃$とわかる。②，③は①の結果を利用する。$(②-8)×25=200$，$(13-8)×③=200$

テーマ23 セキツイ動物の分類

1. 後ろ足がはえる→前足がはえる→尾がなくなるという順に成長して成体のカエルになる。

テーマ24 無セキツイ動物の分類

1. 目や触角がある部分を前として，あしがはえている部分に注目すると，クモは前側のつくりからあしがはえている。

テーマ25 メダカ

1. メダカより大きなものが近づいていることを感じたら，メダカは逃げる。

テーマ26 顕微鏡の使い方

1. 鏡筒の下側の対物レンズを先につけると，鏡筒に入ったほこりなどが出て行かない。

2. 顕微鏡の倍率と視野の広さの関係に注目する。

テーマ27 プランクトン

1. 観察時の倍率が小さい方が，実際の大きさは大きい。倍率が同じときは，となりに見えるミクロメーターの目盛りでくらべる。

テーマ28 秋・冬の動物

1. 卵やさなぎ，つまり，動かない・えさが必要ない状態であることに注目する。

2. 昼夜の長さであれば，毎年一定の周期で変化する。また，天気にも左右されない。

テーマ29 消化器官とはたらき

1. 小腸が養分をとり入れるには，養分が小腸の壁に触れる必要がある。表面積を大きくすることで，触れる量を増やしている。

2. タンパク質や炭水化物は，アミノ酸やブドウ糖が多数つながっていて，粒が大きい。

テーマ30 消化の実験

1. よくかんで食べると，米粒が細かくすりつぶされたり，口の中で唾液と混ざりあったりすることで，唾液の消化酵素がはたらきやすくなり，糖ができやすくなる。

1 酸素は，より結びつきやすいものと結びつく。胎児の赤血球が母親の赤血球から酸素をうけとれるのは，母親の赤血球よりも酸素と結びつきやすいからである。

テーマ32 心臓のつくりとはたらき

1 白血球は，血液に入り込んだ異物（細菌など）をとりのぞくはたらきをもつ。

2 4800（mL）÷80＝60回の拍動で，血液が全部送り出される。つまり，60回拍動する間に血液がからだを一周している。よって，60×（60÷70）＝51.4…秒

テーマ33 血液の循環

1 肝臓には，吸収した養分をたくわえるはたらきがある。

2 両生類のように心室が１つしかないと，全身から戻ってきた静脈血と，肺から戻ってきた動脈血が混ざってしまい，酸素を運ぶ効率が下がってしまう。

テーマ34 呼吸

1 酸素の体積は5000×（20.94－16.30）÷100＝232mL，二酸化炭素の体積は，5000×（4.68－0.04）÷100＝232mL。なお，条件によって，これらの体積がそろわないこともある。

テーマ35 骨・筋肉・感覚器

1 右の図のように，2本の骨が交差したりもどったりすることで，手のひらが回る。うちわであおぐような動きができる。

テーマ36 食物連鎖

1 肉食動物が減るので，敵が減った草食動物の数が増える。草食動物が増えた結果，敵が増えた植物の数が減る。

テーマ37 地球温暖化

1 気温が上昇するにつれてメスの数が減っていく。オスだけで繁殖することはできないため，この動物全体の数も減っていくと考えられる。

テーマ38 環境問題

1 1.3÷0.00005＝26000倍。物質Aは海水からプランクトンにとり込まれ，プランクトンから始まる食物連鎖において，上位の生物ほど物質Aの濃度が上がる。

テーマ39 地層のでき方

1 重い粒はすぐに沈むので，あまり流されず河口近くに積もる。粒が軽くなるにつれて，沈むまでの時間が長くなり，遠くまで流される。

テーマ40 地層からわかること

1 A・Bの標高に注意して，れきの層の下端の高さに注目すると，Aでは30－10＝20m，Bでは50－20＝30m　つまり，Bの方が10m高い。AからBは200m離れているから，100mあたり5m高くなっている。

2 上の層，つまり新しい層になるにつれて，地層をつくる粒が大きくなっている。

テーマ41 化石

1 B層はE層より後にできた地層である。

2 化石の見つかる期間（矢印の長さ）が短く，どの地層でも見つかる化石が，示準化石に適している。

テーマ42 堆積岩

1 粒が角ばっていることから，イが凝灰岩のスケッチである。なお，アは石灰岩，ウはれき岩，エは砂岩のスケッチである。

テーマ43 火山

1 見た目のようすから，昭和新山はマウナケアよりも盛り上がっていることがわかる。この違いはマグマの性質（温度や粘り気）による。

テーマ44 火成岩

1 融点は，固体をあたためたとき液体に変わる温度，つまり，液体を冷やしたとき固体に変わる温度でもある。

2 マグマがゆっくり冷えると，はじめに固まった部分を中心に，少しずつ結晶ができていくので，大きな結晶になる。

テーマ45 地震

1 2地点の間の距離と，初期微動・主要動が始まる時刻の差から速さを求める。

2 32km地点にP波が到達するのは地震発生から4秒後だから，緊急地震速報の発信は10秒後。70km地点にS波が到達するのは17.5秒後，つまり，受信してから7.5秒後。

テーマ46 川の流れとようす

1 下流側から見ていることに注意する。

2 一度に多量の水が流れることで洪水が起こる。

テーマ47 川の上流・中流・下流

1 グラフの横軸は粒の大きさを表している。

2 曲線Ⅱを境にして，それより流速が遅いときに堆積するから，曲線Ⅱの下側であるCで最初に堆積がおこる。

3 図のAでは侵食がおこり，Cでは堆積がおこる。Aで流速が最も遅い部分はbの砂の範囲に，Cで流速が最も速い部分はcの小石の範囲にふくまれている。

テーマ48 川によってできる地形

1. 扇状地をつくる粒は比較的大きいので，扇状地は水はけがよい。
2. 海水の流れでも侵食がおこる。

テーマ49 月の満ち欠け

1. 月は1日に，360(°)÷27.3(日)=13.1…°，地球は1日に1°回っている。
2. 春分（3月21日）は1月2日の，29+28+21=78日後。78÷29.5=2あまり19より，満月から19日後，新月から約4日後なので，三日月がもっとも近い。

テーマ50 月の形と南中時刻

1. 21時に南西方向にある月は，上弦の月である。月の満ち欠けの周期を29.5日とすると，その4分の3だから，約22日後。
2. 21時ごろの上弦の月は，明るい面が右下を向く。

テーマ51 日食と月食

1. 点Aと太陽の上端・下端を結ぶ直線をひいたとき，月が直線と重ならない位置である。

テーマ52 月の見え方・地球の見え方

1. 月には大気も水もないので，非常に小さい隕石も，衝突するとクレーターをつくる。直径数mmのクレーターは，火山活動などではつくられない。

テーマ53 太陽の日周運動

1. 太陽の直径は地球の約109倍。黒点の直径は太陽の直径の約50分の1だから，109÷50より，地球の約2.18倍となる。

テーマ54 太陽の年周運動

1. 右図のように，太陽高度が高いほど，一定面積で受ける光の量は多くなる。

テーマ55 季節と太陽

1. 北半球の冬至だから，北緯x度とすると90−x−23.4=46.6より，x=20
2. 太陽が真東から出るから春分または秋分。北緯y度とすると，90−y=90，y=0
3. 南半球の夏至だから，南緯z度とすると90−z+23.4=78.4より，z=35

テーマ56 一日の影の動き

1. 6月下旬なので，夏至とみて考える。緯度の高い札幌の方が南中高度が低いから，正午の影は長くなる。
2. 棒から曲線までの距離が太陽高度に対応していて，距離が長いほど太陽高度は低い。曲線の長さが昼の時間と対応していて，曲線の長い方が，昼が長い。

テーマ57 太陽の南中時刻と各地の太陽の動き

1 夏至の曲線を比べて，太陽高度が最も高いものを選ぶ。

2 春分の曲線を比べて，太陽高度が最も高いものを選ぶ。

3 夏至の曲線を比べて，曲線の長さが最も長いものを選ぶ。

4 春分と秋分で2回。それぞれの図の中で春分の太陽高度が最も高いものを選ぶ。

5 春分と秋分で2回。それぞれの図の中で春分の太陽高度が最も低いものは，無い。

テーマ58 惑星とその見え方

1 $360° \div 365 = 0.986\cdots$　より，1日あたり$0.99°$。

2 内側を回る金星は，およそ600日間で地球より1周，つまり360°多く進む。地球は，このおよそ600日間に，およそ600°進むから，$(600 + 360) \div 600 = 1.6°$。

テーマ59 季節の星座（春・夏）

1 南半球でも，星座の見える時期は同じ。

2 南半球では，星座の南北・高度が北半球と逆さまになる。

テーマ60 季節の星座（秋・冬）

1 銀河系は，中心方向に星がたくさん集まっている。

テーマ61 地平線へ沈まない星座・星座早見盤

1 日本の標準時，つまり東経135°にあわせてつくってある星座早見盤なので，それより東にある地域では，経度差の分だけ進める（反時計回りに回す）。

テーマ62 星座の日周運動

1 星座1はオリオン座で，ほぼ真東から昇って，ほぼ真西に沈む。星座2は夏に天頂付近を通るはくちょう座。星座3は南の低い位置を通るさそり座。

テーマ63 星座の年周運動

1 2時間前なので，反時計回りに30°もどった位置に見られる。

2 5か月後なので，150°進んだ位置に見られる。

3 4か月前なので，午後9時には④の位置に見える。③の位置に見える時刻を聞いているので，その2時間後となる。

テーマ64 恒星の色と明るさ

1 円の半径が2倍になると，光が当たる面積は$2 \times 2 = 4$倍になる。光の量は一定なので，明るさは4分の1になる。

1 雲がないので100m上がると1℃下がる。$1 \times \dfrac{1000}{100} = 10$より，32℃$-$10℃$=$22℃

2 雲があるので100m上がると0.5℃下がる。$0.5 \times \dfrac{1000}{100} = 5$より，22℃$-$5℃$=$17℃

3 雲がないので100m下がると1℃上がる。$1 \times \dfrac{2000}{100} = 20$より，17℃$+$20℃$=$37℃

テーマ66 天気の変化

1 実験結果から，F日の空気は他の2日よりも，水蒸気が多くふくまれていたことがわかる。したがってこの日は雨と考えられ，雲写真A〜CではAとなる。

テーマ67 前線と天気

1 前線を境にして気温が大きく変わる。CD間，CH間，FG間の気温のちがいが他よりも大きいことに注目する。

テーマ68 季節と天気

1 台風は，あたたかい海の上で発生・成長する。これは，水蒸気がたくさんあると，雲が大きくなりやすいからである。地上では水蒸気が得られなくなるだけでなく，地面からのまさつも受けるので，勢力がおとろえていく。

テーマ69 高気圧と低気圧・風

1 台風は中心に向かって反時計回りに吹き込む方向に風が吹く。

テーマ70 気温と湿度の関係

1 晴れの日とは逆に，空が雲におおわれていると，太陽の光が届きにくくなるので，気温が上がりにくい。また，雲は地表から熱が逃げるのを防ぐので，気温が下がりにくい。

2 水が蒸発するとき，まわりから熱を吸収するので，湿球の温度は下がる。

テーマ71 気象観測

1 貯水びんにたまった水の体積は，$2 \times 2 \times 3.14 \times 20 \text{(cm}^3)$，雨量を$h$(cm)とすると，$h$は直径20cmの円柱形容器にたまる水の深さだから，$10 \times 10 \times 3.14 \times h = 2 \times 2 \times 3.14 \times 20$となる。よって，$h = 0.8$cmつまり，8mm。

解説もチェックして，
「入試で差がつくポイント」
で扱った切り口・テーマを，
押さえておこう！

おわりに

　さぁここまできた君たち。よくがんばりました。ほとんどの人はがんばって終わってからこの文章を読んでいることと思います。中には「はじめに」を読んでそのまま「おわりに」を読みに来ている人もいるかも知れませんね。

植物・動物・人体（生物）分野でついた実力

次の問題を考えてみましょう。

> 身近な7つの生物、ア～キの特徴について調べ学習をしたところ、①～⑥のように特徴を分けることができました。ア～キに当てはまる生物名を答えなさい。ただし、ア～キはそれぞれ、メダカ、カエル、トカゲ、ニワトリ、イヌ、コオロギ、ヒマワリのいずれかが当てはまります。
> ①ア、イ、ウ、エ、オは背骨をもっているが、カ、キは背骨をもたない。
> ②イ、ウ、エ、オ、カは卵で子どもを生む。
> ③ア、ウ、オ、カ、キは一生を陸上で生活する。
> ④イとオは、全身がうろこでおおわれている。
> ⑤ウは胸骨がとても発達している。
> ⑥アは全身が体毛でおおわれている。

　①、②から考えて、アはセキツイ動物で胎生であることからイヌであることがわかります。また、カは無セキツイ動物で卵生であることからコオロギです。②、③からイは卵生で、一生水中生活をする生物なのでメダカです。また、キは背骨をもたず卵も産まず一生陸上生活であることからヒマワリです。④から、オはトカゲであることがわかります。⑤から、胸骨が発達している生物は鳥類なのでウはニワトリであることがわかります。③～⑥に当てはまるものが無いことからエはカエルであることがわかります。

　どうでしたか？　ここまで学習したことから分類することはできましたか？

地球・宇宙（地学）分野でついた実力

次の問題を考えてみましょう。

> 図1は千葉県の館山(北緯35度・東経140度)で、2月1日の20時30分の南の空のようすを示しています。このときちょうどオリオン座が南中していて、矢

印で示されたミンタカ（オリオン座デルタ星）の南中高度は，春分の日の館山での太陽の南中高度とほぼ同じでした。以下の問いに答えなさい。

(1) 館山での2月1日のミンタカの南中高度を，次の
ア～オから1つ選び，記号で答えなさい。

ア　35度　　イ　45度　　ウ　55度　　エ　65度

オ　75度

図1

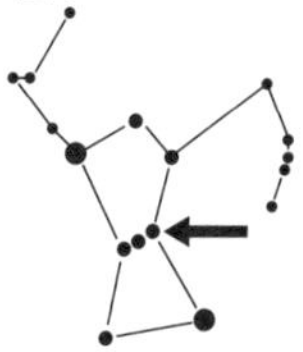

(2) 館山でのミンタカの南中高度について，次の
ア～オから1つ選び，記号で答えなさい。

ア　春に高く，秋に低い。　　イ　夏に高く，冬に低い。

ウ　秋に高く，春に低い。　　エ　冬に高く，夏に低い。

オ　季節に関係なく同じである。

南

(3) 1月1日の館山でのミンタカの南中時刻を，次のア～コから1つ選び，記号で答えなさい。

ア　18時30分　　イ　19時　　ウ　19時30分　　エ　20時

オ　20時30分　　カ　21時　　キ　21時30分　　ク　22時

ケ　22時30分　　コ　23時

(4) オーストラリアのアデレード(南緯35度・東経140度)でのミンタカの
見え方について，次のア～エから1つ選び，記号で答えなさい。

ア　2月1日は見えず，6月1日の20時30分に真北に見える。

イ　2月1日の20時30分に真北に見える。

ウ　2月1日は見えず，6月1日の20時30分に真南に見える。

エ　2月1日の20時30分に真南に見える。

(1)は，春分の日の太陽の南中高度と同じだから90度−35度を行えばいいですね。(2)は，ミンタカは1年中真東の地平線から昇るから季節に関係なく同じです。(3)は，星の南中時刻は毎日4分ずつ早くなっていくのだから1ヶ月前の1月なら約120分おそい22時30分になります。(4)は，経度が北半球と同じ南半球では天体が同じ日に北中して見えることがポイントです。全部解けましたか？

これらの問題をきちんと解くことができたなら，それがこの本を完璧に仕上げられた証拠です。不安なことがあったらもう一度見直しをしておきましょう。でる順に掲載されているテーマをていねいに復習してしっかりと仕上げていきましょう。合格はもう君たちの目の前にある。

監修　相馬英明

相馬英明（そうま　ひであき）

スタディサプリ・Z会エクタス栄光ゼミナール講師。スタディサプリ
小学講座では、理科の応用（中学受験）コースを担当。
Z会エクタス・栄光ゼミナールにて、40年以上、理科を専門として教
え続けている。栄光ゼミナールでは、最優秀教師賞7年連続受賞。全
国指導力コンテスト大会4年連続準優勝。圧倒的な経験に裏打ちされ
た、わかりやすく熱い講義を展開している。

改訂版　中学入試にでる順　理科

植物・動物・人体、地球・宇宙

2024年4月12日　初版発行

監修／相馬　英明

発行者／山下　直久

発行／株式会社KADOKAWA

〒102-8177　東京都千代田区富士見2-13-3
電話　0570-002-301(ナビダイヤル)

印刷所／株式会社加藤文明社印刷所

製本所／株式会社加藤文明社印刷所

●お問い合わせ
https://www.kadokawa.co.jp/（「お問い合わせ」へお進みください）
※内容によっては、お答えできない場合があります。
※サポートは日本国内のみとさせていただきます。
※Japanese text only

定価はカバーに表示してあります。